マグネティクス・イントロダクション 1

磁気工学超入門
－ようこそ，まぐねの国へ－

Ultra-primer of Magnetics
Welcome to the Land of Magnetism

Magnetics
Introduction
Vol.1

日本磁気学会 編
佐藤勝昭 著

12345

共立出版

シリーズ刊行の言葉

　磁気は不思議な力を持っています．
　子供の頃，磁石を使った実験をして不思議な体験をしませんでしたか？　磁石を使うとさまざまなことが起こりますね．触らないのにものを動かすことができたり，巻いた電線の中で磁石を出し入れしただけで電球がついたり．なんだかわからないけれど，とても魅力的でした．
　そして，磁気はとても役に立つものです．
　ちょっと身のまわりを見てみましょう．
　電気は磁石とコイルを使った発電機で起こしています．同じ磁石とコイルの組合せでできているモーターはいろいろなものを動かすことができますし，スピーカーは楽しくきれいな音楽を奏でます．磁石やコイル，コイルとコイルなどを組み合わせると，ものの位置や動きがどうなっているのかを知るセンサになります．たとえば，自動車に搭載するとセンサで測定された情報をもとに車を制御し，安全な運転を可能にします．また，MRIのように体を作っている成分の磁気の性質を測って病気を調べるものもあります．テレビ番組の録画やパソコンのデータ保存にはハードディスクを使いますね．ハードディスクは，非常に小さな磁石の向きを変えて書き込み，磁石から発せられる磁場を検出してデータを読み出すことで情報を出し入れします．情報を読み書きする磁気ヘッドを動かしているのも磁石を使ったモーターです．まさに磁気の織りなす現象の集合体といってもよい装置です．このように，生活に密着し，快適な生活を支える重要な部分で磁気現象が役立っているのです．
　磁気の研究開発は広い範囲に及び，それぞれが日々ものすごい勢いで進んでいます．
　これまで以上に強力な磁石を作ってモーターや発電機の効率を良くする研究，人体から発せられる微弱な磁場を検出するための高感度な磁気センサを作って病気の発見につなげようという研究，強い磁場の中で物質を分離して環境浄化

に役立てる研究など直接生活に役立つものから，どのように磁石の性質が生まれるのか，磁石のもととなるスピンが電気や光とどのように関係するのかを調べておもしろい現象を見つける研究，さらにそれを新しいデバイスにするなどの研究まで，多くの人たちが取り組んでいます．

　このような磁気を利用した研究や技術の有用性やおもしろさを，多くの人にわかりやすく伝えたい．そんな気持ちで私たち日本磁気学会は「マグネティクス・イントロダクション」シリーズを企画しました．研究の第一線にいる人たちが磁気に関する基礎の基礎や最先端研究まで，理科の好きな高校生のみなさんがちょっと頑張ると読みこなせるように解説しています．新たに磁気を学ぶ学生はもちろん，社会に出てから磁気の仕事に就いた人，子供のころの不思議な体験を思い出した人，この本を手にとったみなさんが楽しく磁気のことをわかってくださることを私たちは願っています．

日本磁気学会　出版ワーキンググループ一同

まえがき

　磁性の初学者の多くが，『まぐねの国』の入口には，しかつめらしい顔をした『磁気物性』の鬼が門番をしていて，むずかしい『なぞなぞ』に答えないと門を開けてもらえないと考えているようですが，そんなことはありません．

　確かに，まぐねの国で生活するには『磁気物性』の知見があるとないとでは大違い．最近では，先端的な応用と基礎となる『磁気物性』の距離がますます短くなっているので，なおさらです．

　本書は，『まぐねの国』で道に迷った初学者たちの道しるべとなるガイドブックです．まぐねの国はふしぎでいっぱい．保磁力，残留磁化など，聞き慣れない『まぐね語』が出てくることがありますが，必ず Q&A などの形でどこかに説明があるので，とりあえずは『呪文』だと聞き流して読み進んでください．

　本書は，日本磁気学会誌「まぐね」に 6 回にわたって連載された超入門講座「ようこそまぐねの国に」を初学者向けに再構成したものです．まぐね誌編集委員長鈴木良夫（当時），大嶋則和（現）の両氏に深く感謝します．また，書籍出版にご尽力いただいた共立出版の石井徹也様に深く感謝します．

2014 年 4 月

著　者

目次

第1章 こんなところにも磁性体が　　1
　1.1　クルマと磁性体　　1
　1.2　コンピュータと磁性体　　3
　1.3　電力と磁性体　　5
　1.4　光ファイバー通信と磁性体　　6

第2章 まぐねの国の中心に迫る　　23
　2.1　磁石を切り刻むとどうなる　　23
　2.2　原子のレベルにまで微細化すると　　23
　2.3　強磁性はなぜ起きる　　35
　2.4　ワイスの分子場理論　　44

第3章 まぐねの国のふしぎに迫る　　63
　3.1　磁性体はなぜ初期状態で磁気を帯びていないか——磁区と磁壁　　63
　3.2　磁性体を特徴づける磁気ヒステリシス　　72

第4章 まぐねの国の新しい街　　89
　4.1　スピントロニクスの街　　89
　4.2　光と磁気の街　　111
　4.3　磁気共鳴の街　　135

索引　　149

第1章
こんなところにも磁性体が

　この章は，出口からのアプローチです．すなわち，私がガイドとなって，身近にある磁性体を見つけながら，そこに潜んでいる「磁気物性」と「まぐね語」を一つひとつ解き明かしていく散策に出かけます．さあスタートです．

1.1　クルマと磁性体

　エコカーとして電気自動車 (EV) やハイブリッドカー (HV) が注目されています．EV，HV では動力源にモーターが使われます．EV に限らず自動車には，図 1.1 に示すようにたくさんのモーターが使われています．窓の開閉，パワーステアリング，ワイパー，ブレーキ，ミラー等々，高級車では 100 個ものモーターが使われています．このほかにも磁性体は，センサー，トランスミッション，バルブなどにも使われています．

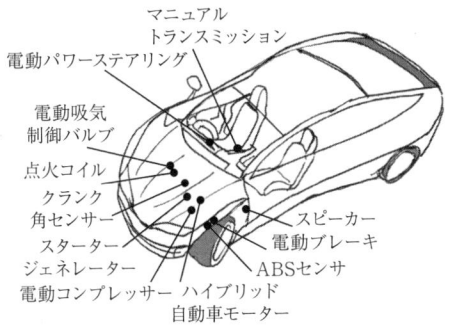

図 1.1　ハイブリッドカーには多数の磁性体が使われている
日立金属のサイト (http://www.hitachi.co.jp/environment/showcase/solution/materials/neomax.html) を参考に作図

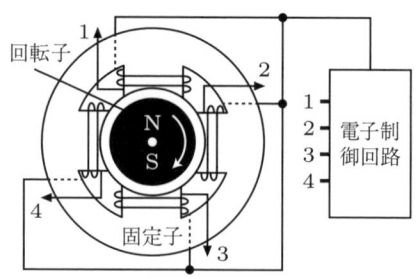

図 1.2 ブラシレス DC モーターの仕組み
TDK のサイト (http://www.tdk.co.jp/techmag/ninja/daa00253.htm) を参考に作図

　図 1.2 はブラシレス・モーターの仕組みを模式的に描いたものです．中央には永久磁石という磁性体が回転子として使われています．ローターを多数の固定子が取り囲んでいます．固定子は磁性体にコイルを巻いた電磁石です．電磁石に流す電流を，隣の電磁石に電子回路によって次々に切り替えることによって電磁石が発生する磁界を移動させ，磁界に回転子がついていくことで回転します．

　永久磁石としては，日本で開発されたネオジム磁石が使われています．この磁石は，レアアースであるネオジム (Nd) と鉄 (Fe) とほう素 (B) の化合物 $NdFe_2B_{14}$ を主成分とするもので，温度特性を改善する目的でジスプロシウム (Dy) など他のレアアースが添加されています．ネオジム磁石は磁力の強さを表す**エネルギー積** BH_{max} が一番高く，小型で性能のよいモーターが作れるのです．近年，世界最大のレアアース供給国である中国の生産調整によって価格が高騰して，マスコミを賑わせたことはご存じだと思います．

　永久磁石にちょっとやそっと外部磁界を加えても N・S をひっくり返すことはできません．このように磁化反転しにくい磁性体を**かたい磁性体（ハード磁性体）**といいます．磁性体のかたさを表す尺度として，N・S を反転させるために必要な磁界の強さ「保磁力」を使います．保磁力については第 3 章 3.2 節で詳しく述べます．

　一方，固定子の電磁石においてコイルを巻くための磁心（コア）は，モーターの外枠（ヨーク）に取りつけられています．コアやヨークに使う磁性体は，電

流によって発生する磁界によって直ちに大きな磁束密度が得られる磁性体でなければなりません．このためには，保磁力が小さく，**比透磁率** μ_r の大きな**やわらかい磁性体（ソフト磁性体）**が求められます†．

モーター用のソフト磁性体としては，小型のものには**パーマロイ**（鉄とニッケルの合金）が，大型のものには**ケイ素鋼板**（鉄とケイ素の合金）が使われます．

1.2 コンピュータと磁性体

コンピュータの大容量記憶を受け持つ**ハードディスク (HDD)** には，図1.3 に掲げるように多数の磁性体が活躍しています．このうち回転する磁気記録媒体（円盤状なので磁気ディスクと呼ばれる）では，図1.4 に示すように，ディジタルの情報が NSNS…という磁気情報の列（トラックと呼ばれる）として円周上に記録されています．図1.5 に模式的に示すように，円周に沿って永久磁石が並んでいます．一度 NS の向きを記録したら，変わらないことが必要ですから，磁気的にかたい磁性体（ハード磁性体）が使われます．ただし，永久磁石とちがって，磁気ヘッドの磁界によって NS の向きを反転できないと記録できませんから，適当な**保磁力**をもつ磁性体が使われます．よく使われるのは，

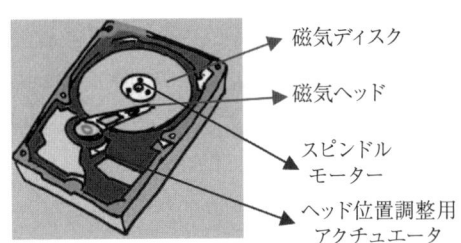

図1.3　パソコンのハードディスクドライブ (HDD) には，記録媒体としてハード磁性体が，記録ヘッドにはソフト磁性体が使われている（出典：佐藤勝昭：『理科力をきたえる Q&A』（ソフトバンククリエイティブ，2009）p. 101）

---

† 比透磁率：コイルが作る磁界を H とすると，磁性体がないとき磁束密度 B は $B = \mu_0 H$ で与えられますが，磁性体があると磁束は比透磁率 μ_r 倍になります．式で書くと $B = \mu_r \mu_0 H$ で表されます．

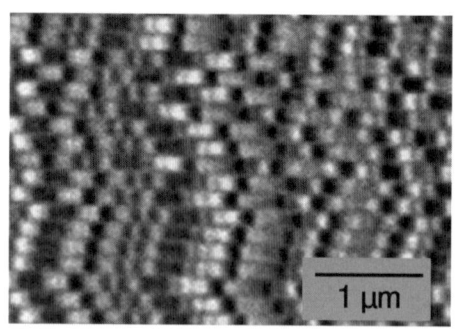

図 1.4　垂直磁気記録された記録磁区の MFM 像（中央大学二本正昭氏のご厚意による）

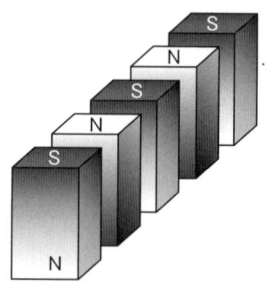

図 1.5　磁気記録の模式図

コバルト (Co) とクロム (Cr) と白金 (Pt) の合金の多結晶薄膜です．磁性というと鉄が思い浮かびますが，HDD の記録媒体に鉄が使われていないのはビックリですね．最近の高密度 HDD には，日本で発明された垂直磁気記録方式が使われています．このための記録媒体には裏打ち層という磁束の通り道がつけてありますが，これにはソフト磁性体が使われています．

　磁気ディスクに磁気情報を書き込んだり，記録された磁気情報を読み出したりするのが磁気ヘッドです．磁気ヘッドは可動のヘッドアセンブリ（ジンバルと呼ばれる）の先のスライダーに取りつけられており，磁気ディスクの数ナノメーター上空に浮上しています．磁気情報をディスクの磁性体に書き込むには，マイクロメータサイズの小さな電磁石を使います．電磁石のコイルも薄膜でつくられているのです．コイルで発生した磁界を磁気ディスク媒体に伝えるための磁心（コア）としては，ソフト磁性体の薄膜が使われます．記録されるビッ

トの円周方向のサイズは数十 nm という小ささなのでヘッドにはナノメートルの加工精度が要求されます．

　磁気ディスク媒体に記録された磁気情報を電気信号に変えて読み出すために以前はコイルが使われていましたが，1990 年代の半ばから，磁気の強さを電気抵抗の変化を通して電気信号に変換する**磁気抵抗 (MR) 素子**が使われています．この素子には，ノーベル物理学賞受賞で有名な**巨大磁気抵抗効果 (GMR)**，あるいは，**トンネル磁気抵抗効果 (TMR)** が使われます．MR 素子には，きわめて薄い非磁性体をソフト磁性体ではさんだ多層膜が使われています．GMR，および，TMR 効果については，第 4 章 4.1 節で詳しく説明します．

　HDD には，磁気ディスクと磁気ヘッドのほか，ディスクを高速回転させるためのスピンドルモーター，磁気ヘッドを移動させて指定された番地に位置決めするためのアクチュエータにも磁性体が使われています．

1.3　電力と磁性体

　交流の電圧を上げたり下げたりするための仕掛けが変圧器（トランス）です．図 1.6 に示すように，トランスには磁心（コア）と呼ばれる軟磁性体に 1 次コ

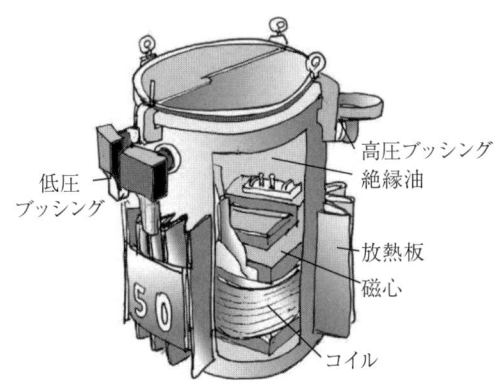

図 1.6　柱上トランスには磁心としてソフト磁性体が使われている
中部電力のサイト (http://www.chuden.co.jp/kids/kids_denki/home/hom_kaku/index.html) を参考に作図

イルと2次コイルの2つのコイルが巻いてあります．1次コイルに交流電圧を加えるとコア内に交流磁束が発生し，2次コイルはこの交流磁束による磁気誘導で，巻き数比に応じた交流電圧を出力します．コアには，1次電流に磁束が追従するように磁気的にやわらかい**ソフト磁性体**が使われます．トランスでは磁性体のヒステリシスや渦電流によってエネルギーが熱として失われるので，保磁力が小さく，電気抵抗率の高い材料が好まれます．このため，積層珪素鋼板やフェライト（絶縁性の鉄の酸化物）が使われます．電柱の上に灰色の円筒が乗っていますが，あの円筒の容器には油の中にトランスが入っています．油は絶縁を保つとともに，トランスの熱を外に逃がすためのものです．

1.4 光ファイバー通信と磁性体

家庭にまで光ケーブルが敷かれ，私たちは高速のインターネット通信やディジタルテレビジョン放送を楽しめるようになりました．光ケーブルには光ファイバーが使われ，大量のディジタル情報を光信号として伝送しています．光ファイバー通信の光源は半導体レーザー (LD) です．レーザー光はディジタルの電気信号のオンオフに従って，ピコ秒という短い時間で点滅しています．

もし通信経路のどこかから反射して戻ってきた光が LD に入ると，ノイズが発生して信号を送ることができなくなります．これを防ぐために使われるのが，図 1.7 に示す光を一方通行にして戻り光を LD に入らなくする**光アイソレーター**です．これには，通信用の赤外光を透過する希土類鉄ガーネットという磁性体の磁気光学効果（ファラデー効果）が使われています．

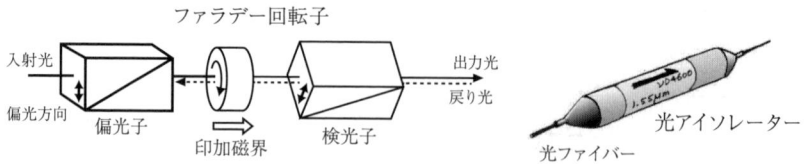

図 1.7　光ファイバー通信において戻り光が半導体レーザーに入ることを防ぐための光アイソレーターには，通信用赤外線に対して透明な磁性体 YIG がファラデー回転子として使われている

ハード磁性体,ソフト磁性体

Q 1.1 身の回りには,ずいぶんたくさんの磁性体が使われているのですね.ところで,ハード磁性体,ソフト磁性体という話の中で出てきた磁性が「かたい」とか「やわらかい」という表現がよくわかりません.

A 1.1 まぐねの国では,磁性体に磁界を加えたとき,弱い磁界でも磁化の反転(N・Sのひっくり返り)が起きるなら「やわらかい」,強い磁界を与えないと磁化が反転しないとき「かたい」と表現します.これを説明するには磁気ヒステリシスの知識が必要です.

図 1.8 は,磁性体を特徴づけるヒステリシス曲線です.横軸は,外部磁界 H の強さ,縦軸は磁化 M の大きさを表しています.くわしくは第3章で説明しますが,磁化 M が反転する磁界 H を保磁力 H_c と呼び,磁性体の「かたさ」を表します.図において,永久磁石材料であるハード

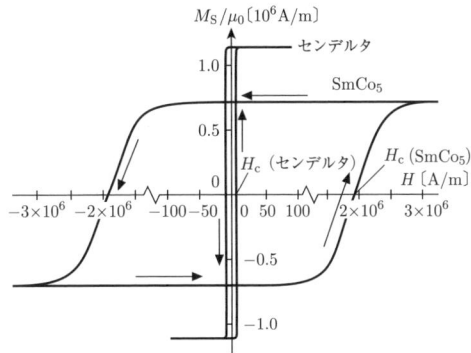

図 1.8 ハード磁性体 $SmCo_5$ とソフト磁性体センデルタの磁気ヒステリシス曲線
(佐藤勝昭編著:『応用物性』(オーム社) p. 208,図 5.10 による)

磁性体 $SmCo_5$ は磁化を反転させるのに 200 万 A/m（約 25 kOe）もの磁界が必要なので「かたい」のですが，ソフト磁性体センデルタでは地磁気の大きさより小さい 10 A/m（約 0.13 Oe）で簡単に反転するくらい「やわらかい」ことがわかります．

永久磁石

Q 1.2 モーターのところで永久磁石としてネオジム磁石のことが出ましたが，ほかにどのような磁石があるのか，ネオジム磁石はほかに比べてどれほど強いのか教えてください．

A 1.2 磁石（永久磁石）を販売しているある会社の製品一覧を見ると，ネオジム $Nd_2Fe_{14}B$，サマコバ $SmCo_5$，フェライト（$BaFe_{12}O_{19}$），アルニコ（FeAlNiCo）というのが書かれています．ネオジム磁石はレアアース Nd と鉄とホウ素の金属間化合物，フェライトは鉄の酸化物です．サマコバの主成分は鉄ではありません．

図 1.9 は，永久磁石の性能指数であるエネルギー積 BH_{max}（磁石が

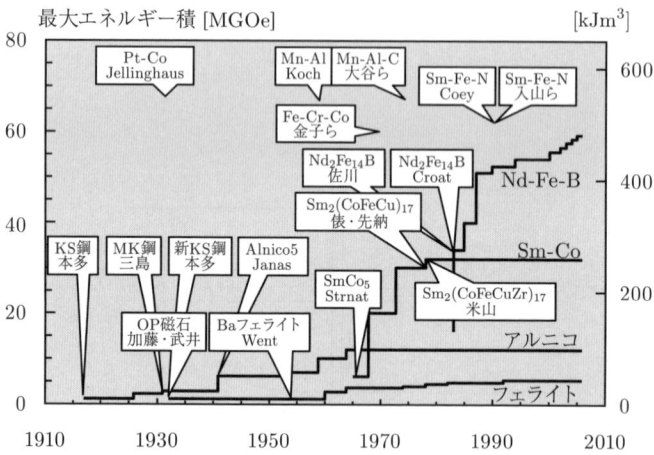

図 1.9 永久磁石のエネルギー積 BH_{max} の変遷
（佐藤勝昭：『理科力をきたえる Q&A』（ソフトバンククリエイティブ，2009）p. 95 の図「磁石特性の推移」に加筆）

蓄えることのできる最大の磁気エネルギーで，B-H ヒステリシス曲線の面積に相当）変遷を表すグラフです．ネオジム磁石の登場でいかに飛躍的に向上したかがわかるでしょう．

磁界

Q 1.3 ヒステリシス曲線の横軸は磁界だと説明されましたが，磁場とは違うのですか？また，A/m とか Oe という単位がよくわかりません．

A 1.3 まぐねの国に入って，まずとまどうのが，表記や単位が統一されていないことです．表記が学問体系によって異なる場合もあります．たとえば，"magnetic field" という英語ですが，電気系では「磁界」と訳し，物理系では「磁場」と訳すなどの違いがありますが，同じことを表しています．

さらには，磁界の単位も，国際標準では，SI 単位系の [A/m]（アンペアパーメートル）を使うことが推奨されていますが，いまも多くの書物では CGS-emu 単位系の [Oe]（エルステッド）を使っていたりします．A/m と Oe の関係は

$$1 \, [\text{Oe}] = \frac{1000}{4\pi} \, [\text{A/m}] = 79.7 \, [\text{A/m}]$$

です．逆に

$$1 \, [\text{A/m}] = \frac{4\pi}{1000} \, [\text{Oe}] = 0.01256 \, [\text{Oe}]$$

です．

また，磁束密度 B の単位である SI 系の [T]（テスラ），あるいは CGS-emu 系の [G]（ガウス）を磁界の単位として使うこともよく行われます．電磁気学には，E-H 対応系（電界 E，電束密度 D，磁界 H，磁束密度 B の 4 つのパラメータを使う）と E-B 対応系（電界 E，電束密度 D，磁界 B の 3 つのパラメータを使う）があります．E-B 対応系では，E-H 対応系の H を使わないで磁束密度を表す B を用いるのです．B は SI と CGS の換算が簡単（1 [T] = 10000 [G]）なので，こちらを使うのが便利だということもあって磁界を [T] で表すのです．

この本では，E-H 対応の SI 系を使いますが，文献との比較のときなど必要に応じて CGS-emu 系を使うこともあります．

Q 1.4 なぜ磁界を A/m と電流で表すのですか？

A 1.4 はじめ，磁界はクーロンの法則で力によって定義されていました．図 1.10 (a) に示す距離 r だけ離れた磁荷 q_1 と磁荷 q_2 の間に働く力 F は，磁気に関する**クーロンの法則**

$$F = \frac{kq_1q_2}{r^2} \tag{1.1}$$

で与えられます．k は定数です．q_1q_2 が同符号なら反発し，異符号なら引き合います†．

図 1.10 (b) に掲げるように，磁荷 q_1 がつくる磁界 H 中に置かれた磁荷 q_2 に働く力 F は $F = q_2H$ で与えられるので，q_1 のつくる磁界は

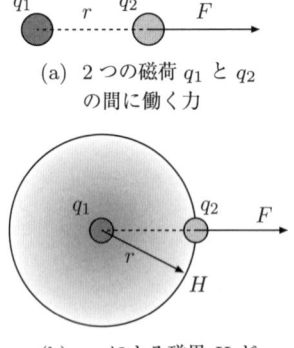

(a) 2つの磁荷 q_1 と q_2 の間に働く力

(b) q_1 による磁界 H が q_2 に力を与えると考える

図 1.10　磁界を力によって定義する

---

† 磁荷は，Q 1.6 および第 2 章に詳しく述べるように単独では存在しませんから，あくまで仮想的な量です．

$$H = \frac{kq_1}{r^2} \tag{1.2}$$

で表されます.

ガウスの定理により,半径 r の球面上の全磁束は中心の磁荷に等しいので $4\pi r^2 B = q_1$ となり,磁界は

$$H = \frac{q_1}{4\pi\mu_0 r^2} \tag{1.3}$$

で表されるので,クーロンの式の係数 k は $k = 1/4\pi\mu_0$ であることがわかりました[†].

単磁極が存在しないのに,それを使って磁界を定義するのは合理的ではありません.そこで注目したのが電流のつくる磁界です.図 **1.11** において,P 点の磁界はビオサバールの法則によって

$$H = \frac{B}{\mu_0} = \frac{I}{2\pi r} \tag{1.4}$$

です.つまり,1 [A] の直線電流から $1/2\pi$ [m] 隔てた点につくる磁界は 1 [A/m] となります.1 [A] の電流がつくるリング状の磁界にそって,磁荷を一周させたときの仕事が 1 [J] だったとき,磁荷は 1 [Wb] と定義します.磁束密度 B は,磁界に垂直に流れる 1 [A] の電流の 1 [m] 当たりに作用する力が 1 [N] となるとき $B = 1$ [T] と定義され,力による定義と関係づけられています.

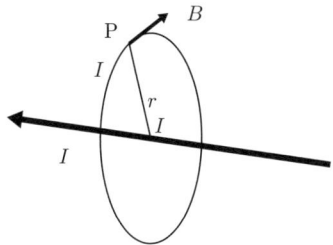

図 **1.11** 電流による磁界の定義

[†] μ_0 は真空の透磁率で $\mu_0 = 4\pi \times 10^{-7}$ [H/m] です.H はヘンリー.

磁化

Q 1.5 図 1.8 の磁気ヒステリシス曲線の縦軸の磁化という言葉がいまひとつピンときません．磁化とはなんですか？

A 1.5 磁性体に磁界 H を加えたとき，図 1.12 (a) に示すようにその表面には磁極が生じます．つまり磁性体は一時的に磁石のようになりますが，そのとき磁性体は「磁化された」といいます．

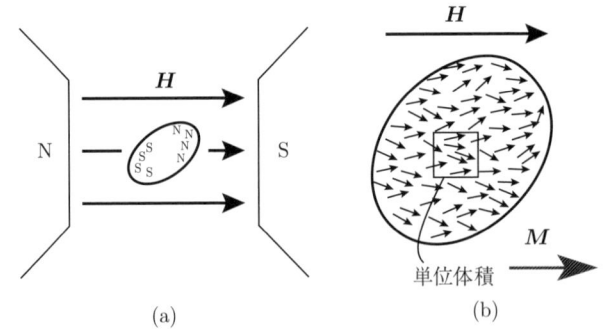

図 1.12 磁化は単位体積当たりの磁気モーメントとして定義される
(出典：高梨弘毅：『磁気工学入門』(共立出版，2008) p. 10，図 1.7，図 1.8)

磁性体の中には図 1.12 (b) に矢印で示す**磁気モーメント**がたくさんあります．磁気モーメントについては Q 1.6 で説明しますが，矢の先が N，後ろが S であるような原子サイズの磁石だと考えてください．

単位体積内の磁気モーメントのベクトル和をとったものを**磁化**†といいます．磁界を加える前に磁気モーメントがランダムに向いていれば，ベクトル和つまり磁化 M はゼロですが，磁界を加えると磁気モーメントが傾き，磁化はゼロでない値をもち，(a) のように N 極と S 極が誘起されるのです．

---

† 「磁化」の代わりに，電気分極にならって，「磁気分極」という用語を使っている教科書もあります．

k 番目の原子の 1 原子当たりの磁気モーメントを $\boldsymbol{\mu}_k$ とするとき,磁化 M は式

$$M = \sum_k \boldsymbol{\mu}_k \tag{1.5}$$

で定義されます.和は単位体積について行います.Q 1.6 で述べるように磁気モーメントの単位は [Wbm] ですから,磁化の単位は体積 [m^3] で割って [Wb/m^2] となります.これは磁束密度 B の単位である [T] = [Wb/m^2] と同じです.

磁気モーメント

Q 1.6 磁気モーメントを説明してください.

A 1.6 電気の場合,$+q$ と $-q$ の電荷のペアが距離 r だけ離れているとき,電気双極子モーメントは qr で表されます.

一方,磁気については,電荷と違って単磁荷はありませんから,磁極は必ず N・S の対で現れます.そこで,仮想的な磁荷のペア $+q$ と $-q$ を考え,磁荷間の距離 r を無限に小さくしても $\boldsymbol{m} = q\boldsymbol{r}$ は有限な値を保つと考えます.必ず N・S が対で現れるなら

$$\boldsymbol{m} = q\boldsymbol{r} \tag{1.6}$$

というベクトルを,磁性を扱う基本単位と考えることができます.これを磁気モーメントと呼び,矢印で表します.単位は [Wbm] です.

図 1.13 に示すように,一様な磁界 $\boldsymbol{H}$ 中の磁気モーメント $\boldsymbol{m} = q\boldsymbol{r}$ を置いたとき,磁気モーメントに働くトルク T は,磁界とモーメントのなす角を θ として次式で表されます.

$$T = qHr\sin\theta = mH\sin\theta \tag{1.7}$$

磁気モーメントのもつポテンシャルエネルギー E は,トルクを θ について積分することによって

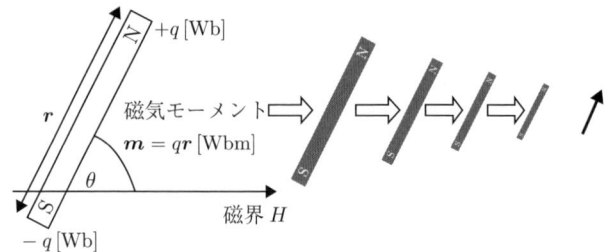

図 1.13 仮想的な磁石の微細化の極限が磁気モーメントとなる

$$E = \int T\,d\theta = \int mH\sin\theta\,d\theta = 1 - mH\cos\theta \tag{1.8}$$

となりますが，ポテンシャルの原点はどこにとってもよいので $E = -\boldsymbol{m}\cdot\boldsymbol{H}$ と磁気モーメントと磁界のベクトル内積で表すことができます．m が磁性の最小単位である磁気モーメントです．単位を含めて書くと

$$E\,[\text{J}] = -m\,[\text{Wbm}] \times H\,[\text{A/m}]$$

となります．

　第 2 章に述べるように，原子には，磁気モーメントがつくるのと等価な磁界をつくりだす回転電流が存在すると考えます．原子では電子の回転運動が角運動量量子 L で決まるので，量子力学によれば回転電流の代わりに角運動量量子数で記述します．

磁束密度 B と磁化 M

Q 1.7 磁化曲線の縦軸として，磁化 M ではなく磁束密度 B が使われている図がありますが，B と M の関係を教えてください．

A 1.7 図 1.14 に示すように，磁界 H のあるとき，真空中の磁束密度は $\mu_0 H$ ですが，磁化 M の磁性体の中の磁束密度 B は，真空中の磁束密度に磁化 M による磁束密度 M を加えたものになります．
　すなわち，

$$B = \mu_0 H + M \tag{1.9}$$

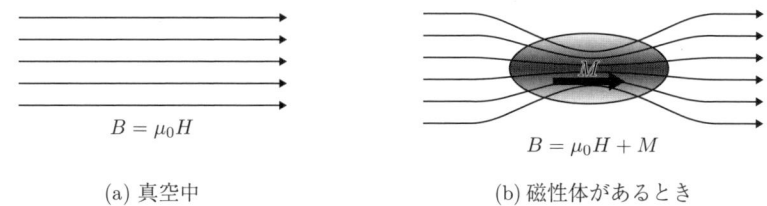

(a) 真空中   (b) 磁性体があるとき

図 1.14 (a) 真空中と (b) 磁化 M の磁性体における磁束密度 B

と表されます†. 磁化 M が外部磁界 H に比例するとき, その比

$$\chi = \frac{M}{\mu_0 H} \tag{1.10}$$

を**磁化率** (magnetic susceptibility) と呼びます. 物理の分野では帯磁率と呼ぶことがあります. 磁化率を使うと, 式 (1.9) は $B = \mu_0(1+\chi)H$ と書き直すことができます. 一方, 電磁気学で学んだように, B と H の関係は比透磁率 μ_r を用いて $B = \mu_r \mu_0 H$ と表せますから, 比透磁率は磁化率を用いて

$$\mu_r = 1 + \chi \tag{1.11}$$

と書けます.

磁化曲線にヒステリシスがあるときは, 図 1.15 のように M-H 曲線と B-H 曲線では保磁力が異なります. M-H における保磁力を $_M H_c$, B-H における保磁力を $_B H_c$ と区別して書くことがあります.

磁性体

Q 1.8 磁性体という言葉を説明なしに使っていましたが, 磁性について説明してください.

A 1.8 磁性とは,「物質が磁界の中に置かれたときに起きる磁気的な変化」のしかたを表すことばです. どんな物質もなんらかの磁性を示します. たと

---

† $B = \mu_0(H + M)$ という表し方もあります. この場合, M の単位は [A/m] です.

16 | 第1章 こんなところにも磁性体が

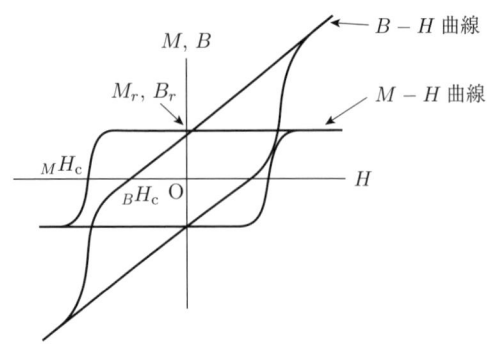

図1.15 B-H 曲線と M-H 曲線とでは保磁力が異なる
(出典：高梨弘毅：『磁気工学入門』（共立出版，2008）図 2.8, p. 45 （一部改変））

えばヒトの体でも，水分子の H^+ （プロトン）の核磁気モーメントが強磁界中で磁気共鳴することを用いて MRI という診断が行われていることはご存じですね．強磁界中に置いたリンゴは，反磁性によって浮き上がります．このように，どんな物質も磁性をもつのです．**表 1.1** に示すように，磁性は，反磁性，常磁性，強磁性，フェリ磁性，反強磁性，らせん磁性，スピン密度波 (SDW)，傾角反強磁性などに分類されます．

磁石につく磁性体

Q 実にいろいろな磁性体があるのですね．いったいそのうち磁石にくっつ
1.9 く実用的な磁性体はどれですか？

A 実際に使われる磁石にくっつく磁性体は，表1.1 のうち，**自発磁化をも**
1.9 つ強磁性体とフェリ磁性体です．磁石につくという点では，オーソフェライトなど傾角反強磁性体もくっつきますが，磁化は非常に弱いです．鉄やコバルトなどは，磁界を加えなくても原子の**磁気モーメント**の向きがそろっているため磁化があるのです．これを鉄の磁性という意味で **ferromagnet（強磁性体）**といいます．強磁性体では，キュリー温度 T_C より低い温度で磁気モーメントがそろっていますが，T_C より高い温度では，磁気モーメントはランダムになり自発磁化をもちません．

表 1.1

反磁性 (diamagnetism) 　銅など導電性の物体に磁界を加えると，物質内に回転する電流が生じて，磁界の変化を弱めようとする．このような性質を反磁性と呼ぶ．積算電力計にはこの性質が使われている．超強磁界中でリンゴが浮上するのもリンゴが反磁性を示すからである．	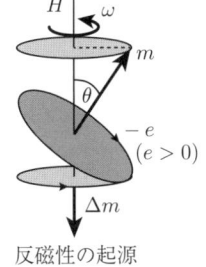 反磁性の起源	
常磁性 (paramagnetism) 　ルビー（クロムを含む酸化アルミニウム）のように遷移金属を含む絶縁物の多くは，ランダムに向いている磁気モーメントをもっており，強い磁界を加えると磁界方向に向きを変えて，磁界に引きつけられる性質，常磁性をもつ．液体酸素も常磁性をもつので図のように磁石に引き寄せられる． 　バナジウム，白金などの金属においては，自由電子が起源のパウリの常磁性と呼ばれる常磁性が見られる．	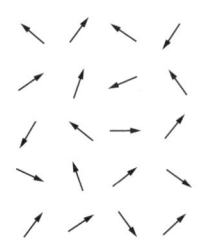 (a)　磁界のない場合 　　磁気モーメントは 　　完全にランダムな 　　向きを向く	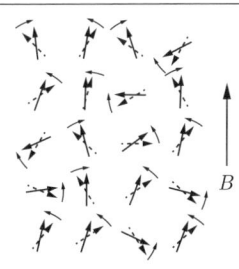 (b)　磁界のある場合 　　磁気モーメントが少し 　　ずつ磁界方向に向き， 　　全体として磁化をもつ
	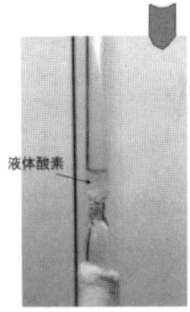 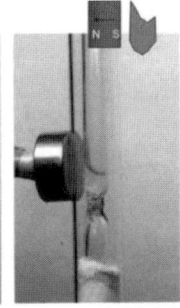 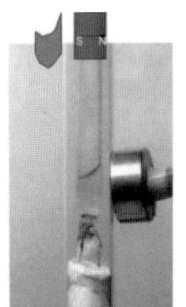	
		（東京大学　小島憲道教授による）

強磁性 (ferromagnetism) FeやCoのように磁界を加えなくても磁気モーメントの向きがそろっていて自発磁化をもっている物質は強磁性体と呼ばれる．ハードディスクや電気自動車のモーターに使われるのは強磁性体．	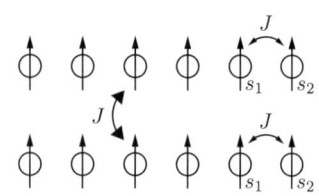 (Jは磁気モーメントをそろえあう交換相互作用を表す．キュリー温度 T_C 以上では熱ゆらぎが強くなって自発磁化を失い常磁性となる)
フェリ磁性 (ferrimagnetism) 隣り合う原子の磁気モーメントが逆向きだが大きさが違うため全体では正味の自発磁化が残っている磁性．フェライトや磁性ガーネットはその代表格．	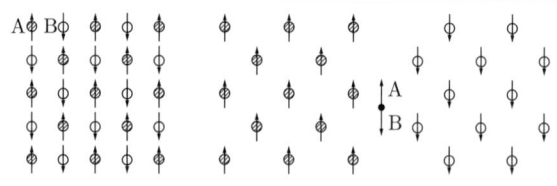 (a) フェリ磁性の概念　　(b) フェライトの磁性 (ネール温度 T_N 以上では自発磁化を失い常磁性となる)
反強磁性 (antiferromagnetism) 隣り合う原子の磁気モーメントが逆向きで全体では磁化が打ち消されている磁性．磁化をもつ副格子Aと逆向きの磁化をもつ副格子Bの重ね合わせと見ることができる．	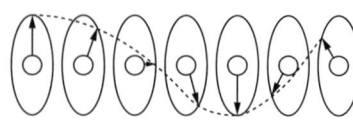 　　　　　　　　　　　副格子A　　　　副格子B (a) 反強磁性の　　　　(b) 副格子の 　　磁気モーメント　　　　磁気モーメント (ネール温度 T_N 以上では副格子磁化を失い常磁性となる)
らせん磁性 (screw magnetism) 磁気モーメントが一定周期で回転しているため，全体として磁化をもたない．	

スピン密度波 (SDW: spin density wave) 電子のスピンの大きさと向きが波状に分布している状態．全体として磁化は生じない場合 (Cr) と一つの向きのスピンが優勢で正味の磁化をもつ場合 (Mn$_3$Si) がある．スピン密度波の周期 a は必ずしも結晶格子の周期 λ と一致しない．	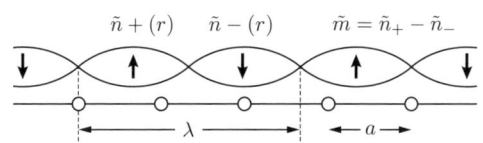
傾角反強磁性 (canted antiferromagnetism) 反強磁性において 2 つの副格子磁化が傾いたために，副格子磁化と垂直方向に正味の磁化が生じる場合を傾角反強磁性と呼ぶ．希土類オーソフェライトに見られる．	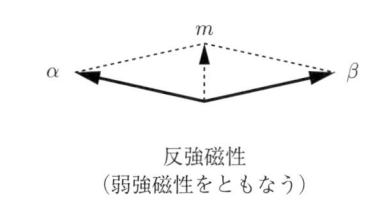 反強磁性 （弱強磁性をともなう）

　元素のうち，室温付近で強磁性を示す ($T_{\mathrm{C}} > 298\,\mathrm{K}$) のは，表 1.2 に示すように鉄 (Fe)，コバルト (Co)，ニッケル (Ni) とガドリニウム (Gd) のたった 4 つしかありません．表 1.3 に示す低温で強磁性になる元素テルビウム (Tb)，ジスプロシウム (Dy)，ホロミウム (Ho)，エルビウム (Er) およびツリウム (Tm) を含めても強磁性元素は 10 程度です．これ以外の元素は，反強磁性のように全体としての磁化が打ち消しているとか，常磁性，反磁性など磁気秩序をもたない弱い磁性しか示さないのです．遷移金属や希土類を含む化合物や合金についても，ほとんどの物質は，室温では弱い磁性しか示さないのです．

表 1.2 室温 (298 K) 付近で強磁性を示す元素

元素名（記号）	α 鉄 (Fe)	コバルト (Co)	ニッケル (Ni)	ガドリニウム (Gd)
キュリー温度 T_C (K)†	1043	1388	627	292

表 1.3 室温 (298 K) 以下で強磁性を示す元素

元素名（記号）	テルビウム (Tb)	ディスプロシウム (Dy)	ホロミウム (Ho)	エルビウム (Er)	ツリウム (Tm)
キュリー温度 T_C (K)†	224	85	20	19.6	25

しかし，その弱い磁性が役に立つことがあります．とくに，スピントロニクス・デバイスには，第 4 章 4.1 節 (e) に示すように，反強磁性が重要な位置づけをもつようになり，注目を集めています．

また，常磁性体の磁気モーメントの電磁波応答である磁気共鳴は，分析技術や医療診断技術としてなくてはならない存在になっています．これについては第 4 章 4.3 節で詳しく述べます．

フェライトでは，隣り合う原子磁気モーメントが反強磁性的に（互いに逆方向に）そろえあっているのですが，両者でモーメントの大きさが異なっているため，全体として正味の自発磁化が残っています．これをフェライトの磁性という意味で**フェリ磁性体**といいます．ふつう磁性体といえば，強磁性体とフェリ磁性体を指します．

一方，反磁性体，反強磁性体などは自発磁化をもたないので，弱い磁界では磁石にくっつかず，**非磁性体**と呼ばれます．常磁性体は，表 1.1 に掲げた液体酸素のように低温，強磁界の下では磁石にくっつきますから，非磁性体と呼ぶべきではありませんが，室温，弱い磁界においては非磁性体として扱うことができます．

---

† T_C はキュリー温度を表す．温度 T が T_C より低いと自発磁化が存在し，強磁性を示す．キュリー温度については，第 2 章 2.4 節参照．

自発磁化

Q 1.10 前の質問に出てきた自発磁化を説明してください．

A 1.10 磁界を加えなくても磁気モーメントの向きがそろっている状態です．これは，磁気モーメントどうしの間にそろえあう力が働いているためです．自発磁化は強磁性体において見られます．反強磁性体でも，同じ磁気モーメントの向きの集団（副格子）の中では自発磁化がありますが，もう一つの副格子の自発磁化と打ち消しあって，マクロの磁化が失われています．フェリ磁性体では，副格子磁化のバランスが崩れているために，差し引きの結果，正味の自発磁化が残っています．温度が高くなって磁気モーメントどうしをそろえる力より熱ゆらぎが強くなると自発磁化を失います．強磁性体が自発磁化を失う温度をキュリー温度 (T_C) と呼びます．反強磁性体およびフェリ磁性体が副格子磁化を失う温度をネール温度 (T_N) と呼びます．

1. 志村史夫監修／小林久理眞著：『したしむ磁性』，朝倉書店 (1999)
2. 髙梨弘毅著：『磁気工学入門——磁気の初歩と単位の理解のために——』(現代講座・磁気工学)，日本磁気学会 (2008)
3. 長岡洋介著：『電磁気学Ⅰ 電場と磁場』(物理入門コース)，岩波書店 (1982)
4. 佐藤勝昭編著：『応用物性』(応用物理学シリーズ)，第 5 章，オーム社 (1991)
5. 佐藤勝昭著：『光と磁気 (改訂版)』(現代人の物理シリーズ)，朝倉書店 (2001)

第2章
まぐねの国の中心に迫る

「まぐねの国の探索」第2章は，磁性体をどんどん小さくしてミクロの街に入っていきます．マイクロメートル，ナノメートル，…と小さくなっていくと，ついに電子の世界に入り，まぐねの国のミクロの核心であるスピンに到達します．

2.1 磁石を切り刻むとどうなる

磁石は図2.1のようにいくら分割しても小さな磁石ができるだけです．両端に現れる磁極の大きさ（磁荷の面密度；単位 Wb/m^2）はいくら小さくしても変わらないのです．N極のみ，S極のみの磁荷を単独で取りだすことはできません．

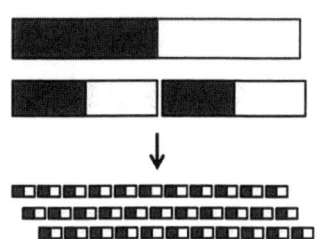

図2.1 磁石をいくら分割しても磁極の大きさは変わらない

2.2 原子のレベルにまで微細化すると

磁性体を原子のレベルにまで微細化すると，原子があたかも磁石のような働きをもっていることがわかります．まぐねの国の起源は原子磁石だったのです．しかし，原子磁石にN，Sという磁極はありません．原子のイメージは，現在の量子力学では，電子が原子核のまわりに雲のように分布しているという描像

で表されます．原子の磁気的な性質は電子雲が本来もつ磁性から生じているのです．

この節では，原子核のまわりに電子が回って環状電流をつくり磁気をもたらすというボーア模型から出発し，必要に応じて量子論の言葉に置き換えることとします．

2.2.1 電子軌道がつくる磁気モーメント

(a) 電子軌道の古典論

ここでは，電子の軌道運動が作りだす磁気モーメントと磁荷の対がもたらす磁気モーメントが等価であることを古典力学の考え方で説明します．

原子の中では，電子が原子核のまわりをくるくる回っています．電荷 $-e$ [C] をもつ電子が動くと電流が生じますが，この環状電流が磁気モーメントをつくります．この磁気モーメントが，磁荷の対がもつ磁気モーメントと等価であることを証明するには，両者を静磁界中に置いたときに同じ形のトルクを受けるかどうかを見ればよいのです．

● 環状電流による磁気モーメントを磁界中に置いたときのトルク $\boldsymbol{T}_{\mathrm{curr}}$

$-e$ [C] の電荷が半径 r [m] の円周上を線速度 v [m/s] で周回すると，1 周の時間は $t = 2\pi r/v$ [s] となるので，電子が一周するときに流れる電流 I は

$$I = -\frac{e}{t} = -\frac{ev}{2\pi r} \text{ [A]} \tag{2.1}$$

となります．

図 2.2 に示すように，この環状電流を一様な静磁界 $\boldsymbol{H}$ [A/m] の中に置いてみると，円周上の微小な円弧 ds [m] に働く力のベクトル $\boldsymbol{dF}$ [N] = [mkg/s^2] は，フレミングの左手の法則から

$$\boldsymbol{dF} = I\,\boldsymbol{ds} \times \mu_0 \boldsymbol{H} \quad (E\text{-}H \text{ 対応の SI 系}) \tag{2.2}$$

となり，$\boldsymbol{r}$ の位置に働くトルクは

$$\boldsymbol{dT} = \boldsymbol{r} \times \boldsymbol{dF} = I(\boldsymbol{r} \times \boldsymbol{ds}) \times \mu_0 \boldsymbol{H}$$

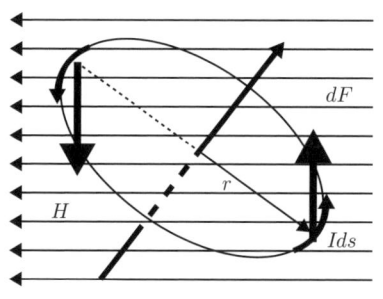

図 2.2 磁界中に置かれた円電流に働く力

で表されます.トルク T [Nm] は,この微小トルクを円周にわたって積分すると求めることができ,S を環状電流の囲む面積 $S = \pi r^2$,n を環状電流の法線の方向を向く単位ベクトルとすると,

$$T = \oint dT = \frac{I}{2}\left(\oint r \times ds\right) \times \mu_0 H = \mu_0 I S n \times H \tag{2.3}$$

となります.

- 磁荷対の作る磁気モーメントを磁界中に置いたときのトルク T_m

一方,磁荷の対 $+q$ [Wb],$-q$ [Wb] のつくる磁気モーメント $\mu = Qr$ [Wbm] を磁界 H の中に置いたときに働くトルク T [Nm] は

$$T = qr \times H = \mu \times H \tag{2.4}$$

と表されます.

- T_curr と T_m の式の形は等価

式 (2.3) と式 (2.4) はどちらも磁界 H とのベクトル積ですから,電流が作る磁界と磁荷の対が作る磁界は等価であることが証明されました.

電流がつくる磁気モーメント μ [Wbm] は,式 (2.3) と式 (2.4) を比較することによって求めることができ,電流値 I [A] に円の面積 $S = \pi r^2$ [m²] と μ_0 をかけることにより

$$\mu = \mu_0 I S n \tag{2.5}$$

となります.この式から,環状電流 I および電流が囲む面積 S に比例する磁気モーメントが生じること,その向きは電流が囲む面の法線方向 $\bm{n}$ であることがわかります.

● 電子の周回運動が作る磁気モーメントは電子の角運動量に比例

電流 I に式 (2.1) を,面積に $S = \pi r^2$ を代入して,電子の軌道運動による磁気モーメントを求めると,

$$\bm{\mu} = -\frac{\mu_0 e v r \bm{n}}{2} = -\frac{\mu_0 e \bm{r} \times \bm{v}}{2} \tag{2.6}$$

であることが導かれました.上式においてベクトル積 $\bm{r} \times \bm{v}$ は,角運動量 $\bm{\Gamma} = \bm{r} \times \bm{p} = \bm{r} \times m\bm{v}$ の質量分の 1 なので,これを使って式 (2.5) を表すと

$$\bm{\mu} = -\frac{\mu_0 e \bm{\Gamma}}{2m} \tag{2.7}$$

となります.つまり原子磁石の磁気モーメントは電子のもつ角運動量 $\bm{\Gamma}$ に比例することがわかりました.

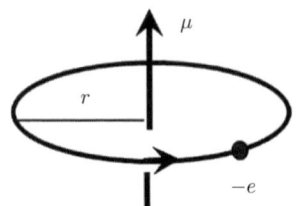

図 2.3　原子内の電子の周回運動は磁気モーメントを生じる

(b) 量子論のことばで表す

ここまでは,古典力学のことばを使いましたが,原子中の電子を表すには量子力学のことばを使わなければなりません.量子力学によれば,電子は古典的な周回運動をしているのではなく,原子核のまわりに雲のように分布して運動していると考えられています.

このような描像では,電子軌道の角運動量は $\hbar$ を単位とする飛び飛びの(離散)値をとり,軌道角運動量を表す量子数を l とすると,$\bm{\Gamma}_l = \hbar \bm{l}$ と表すことができます.これを式 (2.7) に代入すると軌道磁気モーメント $\bm{\mu}_l$ は,

$$\boldsymbol{\mu}_l = -\frac{\mu_0 e\hbar \boldsymbol{l}}{2m} = -\mu_B \boldsymbol{l} \tag{2.8}$$

となり，軌道角運動量量子数 l とボーア磁子 μ_B を使って記述されます．ここにボーア磁子 $\mu_B = \mu_0 e\hbar/2m$ は原子磁気モーメントの基本単位で，その大きさは，E-H 対応の SI 系で，

$$\mu_B = 1.16 \times 10^{-29} \text{ [Wbm]} \tag{2.9}$$

となります[†]．この値の導出には，$\mu_0 = 4\pi \times 10^{-7}$ [Wb/(Am)]，$e = 1.60 \times 10^{-19}$ [As]，$\hbar = 1.055 \times 10^{-34}$ [Js]，$m = 9.11 \times 10^{-31}$ [kg] を用いました．

2.2.2 原子内の電子軌道と量子数

原子内の電子の状態は，量子力学のことばで書くと，主量子数 n と軌道角運動量量子数 l，さらに量子化軸に投影した軌道角運動量の成分があり，磁気量子数 m で指定されます．主量子数 n が決まると軌道角運動量量子数 l は，0 から $n-1$ までの1ずつ増える値をとることができます．たとえば，$n=1$ だと l は 0 しかとれません．$n=2$ のときは，l は 0 と 1 の 2 値をとります．

軌道角運動量量子数を l とすると，その量子化方向成分（磁気量子数）$m = l_z$ は，$l, l-1, \ldots, -l+1, -l$ の $2l+1$ 通りの値をもつことができます．

表 2.1 は，主量子数 $n=0$ から 4 までについて，軌道角運動量量子数 l のとる値，さらに各 l に対して磁気量子数 m のとり得る値を示しています．また軌道の命名も示してあります．表の右端の欄の縮重度は，同じ n, l で指定される状態の数を表し，ここではスピンを含めて示してあります．主な磁性体には 3d 遷移金属と 4f 希土類金属が使われています．

軌道角運動量量子数と電子分布の形

表 2.1 の s，p，d，f は軌道の形を表し，それぞれが軌道角運動量量子数 $l = 0, 1, 2, 3$ に対応しています．図 2.4 は 1s，2s，2p$_z$，3d$_{xy}$，3d$_z$，4f$_z$ 軌道の電

[†] E-B 対応の SI 系では $\mu_B = e\hbar/2m = 9.27 \times 10^{-24}$ [Am^2] と表され，CGS-emu 系では $\mu_B = e\hbar/2mc = 9.27 \times 10^{-21}$ [emu] と表されます．

表2.1 主量子数，軌道角運動量量子数，磁気量子数と電子軌道

n	l			m				軌道	縮重度
1	0			0				1s	2
2	0			0				2s	2
	1		1	0	−1			2p	6
3	0			0				3s	2
	1		1	0	−1			3p	6
	2	2	1	0	−1	−2		3d	10
4	0			0				4s	2
	1		1	0	−1			4p	6
	2	2	1	0	−1	−2		4d	10
	3	3	2	1	0	−1	−2	−3	4f	14

1s 軌道　　3d$_{xy}$ 軌道

2s 軌道　　3d$_z$ 軌道

2p$_z$ 軌道　　4f$_z$ 軌道

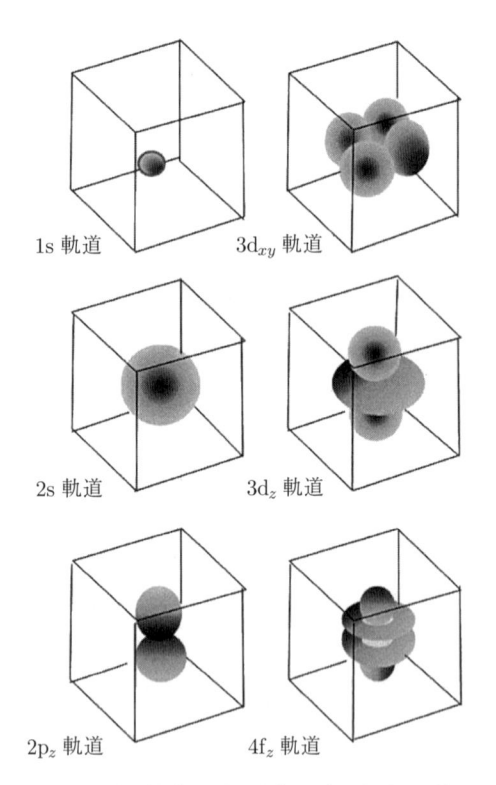

図2.4 電子軌道の電子分布の形：くびれに注目

子の空間分布のようすを模式的に表したものです．図に示すように s 軌道には電子分布のくびれが 0 ですが，p 軌道には 1 つのくびれが，d 軌道には 2 つのくびれが存在します．このように，軌道角運動量量子数 l は電子分布の空間的なくびれを表しています．

実験から得られた原子磁気モーメントの値は，上の軌道角運動量だけ導いた式では十分ではありません．なぜなら，電子は軌道角運動量に加えて，スピン角運動量をもつからです．スピンについては次節で説明します．

2.2.3 スピン角運動量

電子は電荷とともにスピンをもっています．スピンはディラックの相対論的量子論の解として理論的に導かれる自由度なので，古典的なアナロジーはできないのですが，電子の自転になぞらえて命名されたいきさつがあるので，一般に説明する場合は電子がコマのように回転していて，回転を表す軸性ベクトルが上向きか下向きかの2種類しかないと説明されています．1個の電子のスピン角運動量量子 s は 1/2 と $-1/2$ の2つの固有値しかもちません．

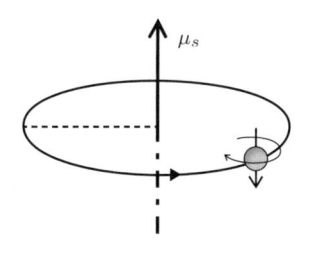

図 2.5 スピンのイメージ

電子スピン量子数 s の大きさは 1/2 なので，量子化軸方向の成分 s_z は $\pm 1/2$ の 2 値をとります．この結果，スピン角運動量は $\hbar$ を単位として

$$\Gamma_s = \hbar s \tag{2.10}$$

となります．スピンによる磁気モーメントは軌道の場合に比べて係数が g 倍になっています．

$$\mu_s = -\frac{ge\Gamma_s}{2m} \tag{2.11}$$

と表されます.ここに g の値は自由電子の場合 $g = 2.0023$ で,ほぼ 2 と考えてよいでしょう.

$$\mu_s = -\frac{e\hbar s}{m} = -2\mu_B s \tag{2.12}$$

電子がスピン角運動量をもつという考え方は,Na の D_1 発光スペクトル線 (598.6 nm: $3s_{1/2} \leftarrow 3p_{1/2}$) が磁界をかけると 2 本に分裂するゼーマン効果を説明するために導入されました.また,磁界中を通過する銀の原子線のスペクトルが 2 本に分裂するというシュテルン・ゲルラッハの実験もスピンの存在を支持しました.

2.2.4 実際の原子の磁気モーメントにはスピンと軌道の両方が寄与

原子磁石の磁気モーメントには電子軌道による軌道量子数 l による寄与およびスピン量子数 s の寄与があることがわかりました.原子には,たくさんの電子があります.まず,原子に属する電子系の軌道角運動量量子数の総和 $\boldsymbol{L} = \sum_i \boldsymbol{l}_i$,およびスピン角運動量量子数の総和 $\boldsymbol{S} = \sum_i \boldsymbol{s}_i$ を求めます.この両者をベクトル的に足し合わせたものが原子の全角運動量量子数 $\boldsymbol{J} = \boldsymbol{L} + \boldsymbol{S}$ です.

しかしながら,原子磁石の磁気モーメントの大きさを全角運動量で表すのは簡単ではありません.全軌道角運動量による磁気モーメント $\boldsymbol{\mu}_L$ は

$$\boldsymbol{\mu}_L = -\frac{\mu_0 e\hbar \boldsymbol{L}}{2m} = -\mu_B \boldsymbol{L} \tag{2.13}$$

であるのに対し,全スピンによる磁気モーメントには

$$\boldsymbol{\mu}_S = -\frac{e\hbar \boldsymbol{S}}{m} = -2\mu_B \boldsymbol{S} \tag{2.14}$$

と 2 がつくからです.合成磁気モーメント $\boldsymbol{\mu}$ は

$$\boldsymbol{\mu} = \boldsymbol{\mu}_L + \boldsymbol{\mu}_S = -\mu_B(\boldsymbol{L} + 2\boldsymbol{S}) = -\mu_B(\boldsymbol{J} + \boldsymbol{S}) \tag{2.15}$$

で表されますが,$\boldsymbol{J}$ は運動の際に保存される量です.その方向を一定とすると,$\boldsymbol{L}$ と $\boldsymbol{S}$ は図 2.6 のように関係を保ちながら,$\boldsymbol{J}$ を軸としてそのまわりを回転しているものと考えられ,磁気モーメント $\boldsymbol{\mu}$ は,

$$\boldsymbol{\mu} = -g_J \mu_B \boldsymbol{J} \tag{2.16}$$

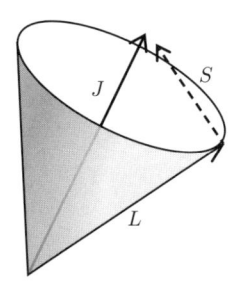

図 2.6 L と S は三角形の関係を保ちながら，J を軸としてそのまわりを回転している

と表すことができます．g_J はランデの g 因子と呼ばれ，量子力学を使ったちょっとめんどうな計算によって，

$$g_J = 1 + \frac{J(J+1) + S(S+1) - L(L+1)}{2J(J+1)} \tag{2.17}$$

と与えられます．

2.2.5 フントの規則

いままでは，原子のもつ電子数が少ないので単純でしたが，もっと多くの電子があるときに原子磁石の軌道，スピンの値，さらには全角運動量を求めるのは簡単ではありません．このためのガイドラインがフントによって示され，フントの規則と呼ばれています．

多電子原子において電子が基底状態にあるときの合成角運動量量子数 L, S を決める規則は，次のとおりです．前提となるのはパウリの排他律，すなわち「原子内の同一の状態（n, l, m_l, m_s で指定される状態）には1個の電子しか占有できない」です．

フントの規則は次の2項目です．

1. 基底状態では，可能な限り大きな S と，可能な限り大きな L を作るように，s と l を配置する．
2. 上の条件が満たされないときは，S の値を大きくすることを優先する．

さらに**基底状態の全角運動量 J の決め方**は，電子殻の占有によって異なり，

$$J = |L - S| \quad \text{（占有が半分以下）}$$

$$J = L + S \quad (占有が半分以上)$$

となっています．表 2.1 によれば，縮重度は p 電子は 6，d 電子は 10，f 電子は 14 なので，半分占有は，p が 3，d が 5，f が 7 です．

多重項の表現

分光学では，多重項を記号で表します．記号は $L = 0, 1, 2, 3, 4, 5, 6$ に対応して $S, P, D, F, G, H, I, \ldots$ で表し，左肩にスピン多重度 $2S + 1$ を書きます．左肩の数値は，$S = 0, 1/2, 1, 3/2, 2, 5/2$ に対応して，1，2，3，4，5，6 となります．読み方は singlet, doublet, triplet, quartet, quintet, sextet です．さらに J の値を右の添え字にします．この決まりによると，水素原子の基底状態は $^2S_{1/2}$（ダブレットエス 2 分の 1），ホウ素原子は $^2P_{1/2}$（ダブレットピー 2 分の 1）となります．

3d 遷移金属の場合，不完全内殻の電子軌道とスピンのみを考えればよく，たとえば $Mn^{2+}(3d^5)$ では，$S = 5/2$ $(2S+1 = 6)$，$L = 0$ （→ 記号 S），$J = 5/2$ なので，多重項の記号は $^6S_{5/2}$（セクステットエス 2 分の 5）となります．

2.2.6　3d 遷移金属イオンの電子配置と磁気モーメント

図 2.7 は 3d 遷移金属イオンにおいて，フントの規則に従って 3d 電子の軌道にどのように電子が配置されるかを示しています．各準位は，$l_z = -2, -1, 0, 1, 2$

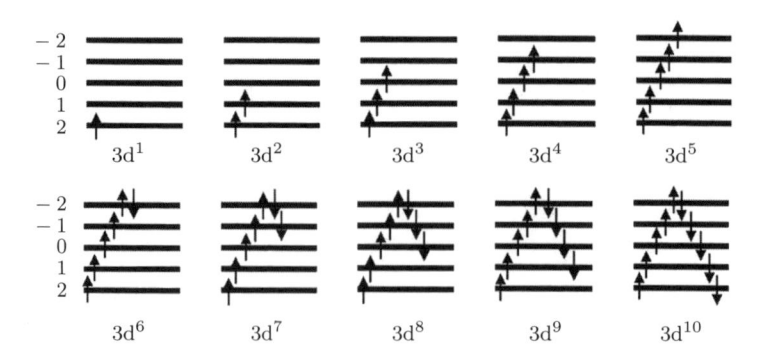

図 2.7　3 価の 3d 遷移金属イオンにおけるフントの規則に従う電子の配置

に対応します．ただし，孤立した原子においては，これらの軌道のエネルギーは縮重して（同じエネルギーをもって）いるので，図で分離して描いたのは，わかりやすさのためです．

2.2.7 軌道角運動量とスピン角運動量の寄与

原子磁石の磁気モーメントの大きさは，常磁性磁化率の測定から検証することができます．常磁性は低濃度の遷移金属，希土類を含む固体や錯体において見られる磁性です．磁界のないとき，原子磁石は互いに相互作用をもたずにランダムに配向していますが，磁界を印加したときには各磁気モーメントが磁界の方向に向きを変えるので全体として磁界に平行な磁化が生じる現象です．

常磁性体の磁化率 χ にはキュリーの法則が成り立ち，温度 T に反比例します．すなわち

$$\chi = \frac{C}{T} \tag{2.18}$$

C はキュリー定数と呼ばれ，量子力学に基づいて考察すると，全角運動量量子数 J を用いて

$$C = \frac{N g_J^2 \mu_B^2 J(J+1)}{3k} \tag{2.19}$$

と表されます．N はイオンの数，k はボルツマン定数です．磁化率にはモル磁化率，グラム磁化率，体積磁化率などがあり，それによって N が異なるので磁化率の表を見るときはどの磁化率であるかを見極める必要があります．

磁化率がキュリーの法則に従う場合，式 (2.18) において χ の逆数をとると，T に比例します．この傾斜から C が求まり，有効磁気モーメント $\mu = g_J \sqrt{J(J+1)}$ が求められます．

3d 遷移金属イオンの磁気モーメントの実験値と計算値を**表 2.2** に掲げてあります．また実験値は**図 2.8** (a) の白丸で示してあります．一方，μ の値は L, S, J がわかれば計算できます．たとえば表 2.2 の $V^{3+}(3d^2)$ の場合，$L = 3$, $S = 1$, $J = 2$ なので $g_J = 2/3$, $\sqrt{J(J+1)} = \sqrt{6}$ より $\mu = 1.64$ となりますが 3d 電子数 2 の実験値 2.8 を説明できません．もし，$L = 0$ と仮定すると

表2.2

イオン	電子配置	L	S	J	μ_J	μ_S	exp	多重項
Ti^{3+}	$[Ar]3d^1$	2	1/2	3/2	1.55	1.73	1.7	$^2D_{3/2}$
V^{3+}	$[Ar]3d^2$	3	1	2	1.64	2.83	2.8	$^3F_2$
Cr^{3+}	$[Ar]3d^3$	3	3/2	3/2	0.78	3.87	3.8	$^4F_{3/2}$
Mn^{3+}	$[Ar]3d^4$	2	2	0	0	4.90	4.8	$^5D_0$
Fe^{3+}	$[Ar]3d^5$	0	5/2	5/2	5.92	5.92	5.9	$^6S_{5/2}$
Co^{3+}	$[Ar]3d^6$	2	2	4	6.71	4.90	5.5	$^5D_4$
Ni^{3+}	$[Ar]3d^7$	3	3/2	9/2	6.63	3.87	5.2	$^4F_{9/2}$

註：表2.2には，図2.7に示す電子配置のときに各イオンがもつ量子数 L, S, J, 2.2.7項で計算された磁気モーメント（J を使った場合と S を使った場合），実験で得られた磁気モーメントの値を示す．

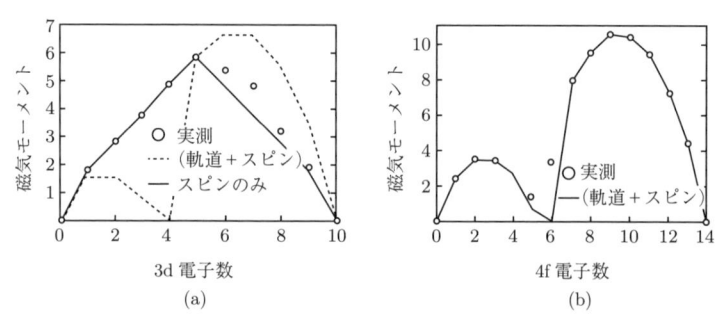

図2.8 磁性イオンの有効磁気モーメントの実測値と理論値
(a) 3d 遷移金属イオンの場合，(b) 4f 希土類イオンの場合

$g_S = 2$, $\sqrt{S(S+1)} = \sqrt{2}$ となり，$\mu = 2.83$ となり，実験結果を説明できます．ほかのイオンについても J を使って計算すると点線のように実験を再現できませんが，$J = S$，つまりスピンのみとして計算すると実線のように実験値をよく再現できます．このように 3d 遷移金属イオンでは軌道角運動量が消失しています．

これに対して 4f 希土類イオンの有効磁気モーメントの実験値は図2.8 (b) の白丸です．この場合は，全角運動量 J を使った計算値（実線）が実験結果をよく再現します．このように希土類では，原子の軌道が生き残っているのです．

(ただし，4f電子数6 (Eu^{3+}) のときはバン・ブレックの常磁性[†]を考慮しないと実験とは一致しません．)

2.3 強磁性はなぜ起きる

2.3.1 鉄の磁気モーメントは原子磁石で説明できない

磁石というとほとんどの人が鉄 (Fe) を思い浮かべますね．にもかかわらず，鉄がなぜ強い磁性をもつかは，長い間なぞでした．

この章のはじめに，磁石をどんどん小さくしていくと，最後は原子磁石（まぐね語では，原子の磁気モーメント）に到達することを学びました．そして，原子磁石の磁気のもとは電子の周回運動（軌道角運動量）と電子の自転（スピン角運動量）であるということを知りました．

原子磁石どうしの間にそろえあう力が働かなければ，原子磁石の向きはランダムになって自発磁化をもちません．磁界を加えると少しずつ磁化が磁界の方を向いて磁化が誘起されます．これを**常磁性**といいます．

また，4f希土類イオンを含む常磁性体の磁化率の温度依存性は，軌道角運動量とスピン角運動量の両方が寄与するとしてよく説明できますが，3d遷移金属イオンを含む常磁性体の磁化率はスピン角運動量のみが寄与するとしてよく説明できる（**軌道角運動量が消失している**）ことも学びました．

もし，隣接する原子磁石の間に磁石の向きを同じ方向にそろえあう力が働いたら，この物質は**強磁性**になり，隣接する原子磁石を逆方向にそろえ合う力が働いたら，**反強磁性**になります．原子磁石をそろえ合う力は，電子が担っており，**交換相互作用**といいます．強磁性体にはキュリー温度 (T_C) があり，この温度を超えると自発磁化を失うのですが，熱揺らぎが交換相互作用に打ち勝ったため自発磁化を失うのだと考えることができます．

[†] バン・ブレックの常磁性

Eu^{3+} については $4f^6$ なので $L=2$, $S=2$ で $J=0$ となり，有効磁気モーメントは0のはずですが，実験値は3.4とくいちがっています．この原因は，磁界によって励起状態が混ってくるために磁気分極が生じたと考えられています．この常磁性は温度に依存しません．これをバン・ブレックの常磁性といいます．

鉄の強磁性が，原子磁石が方向をそろえていることによって生じているとしたら，鉄の1原子当たりの磁気モーメントの大きさはいくらになるでしょうか．鉄原子は，アルゴン Ar の閉殻 $[1s^2 2s^2 2p^6 3s^2 3p^6]$ の外殻に $3d^6 4s^2$ という電子配置をもちます．閉殻はスピン角運動量も軌道角運動量もゼロなので，外殻電子のみが磁性に寄与します．前節に述べたように，3d 遷移金属では軌道角運動量が消失しているので，磁気モーメントはスピンのみから生じます．2個の 4s 電子のスピンは打ち消しています．3d 電子が6個なので，フントの規則によって，図 2.9 に示すように全スピン角運動量は $S = 4 \times 1/2 = 2$ です．したがって，原子当たりの磁気モーメントの大きさは $\mu = 2S\mu_B = 4\mu_B$ であるはずです．

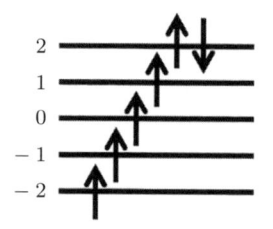

図 2.9　フントの規則による $3d^6$ 電子系のスピンの配置

ところが，実験から求めた鉄1原子当たりの磁気モーメントは $2.219\mu_B$ しかないのです．鉄だけでなく，コバルト Co $(1.715\mu_B)$ やニッケル Ni $(0.604\mu_B)$ でも磁気モーメントは原子磁石から期待される値よりずっと小さく，しかも整数でない値になっています．なぜでしょう．それは，金属においては，原子磁石のモデルが成り立たないからであると考えられます．

金属では，電子が原子位置に束縛されないで金属全体に広がって「金属結合」に寄与しています．このように，金属全体に広がった電子という考えに沿って磁気モーメントを考える立場を**遍歴電子モデル** (itinerant electron model) または**バンド電子モデル** (band electron model) といいます．これに対し，原子磁石の考えに立って話を進めるやり方を**局在電子モデル** (localized electron model) といいます．

金属磁性体である鉄の磁性を説明するために「遍歴電子モデル」から話をスタートします．付録2Aではバンド電子モデルの手ほどきをします．

2.3.2 磁性をもたない金属のバンド構造と磁性金属のバンド構造

金属の電子状態は，付録2Aに示すように，自由電子から出発して，周期ポテンシャルを取り込み，電子状態を求めるとそのエネルギーは帯状になります．これをバンドといいます．

金属においては，一般に伝導帯の電子状態の一部が電子で占有され，残りが空いているような電子構造をもちます．電子が占有された最も上のエネルギーはフェルミエネルギー E_F といいます．

図2.10 (a) はアルカリ金属（たとえば，K，Na）の状態密度 (density of states: DOS) を電子のエネルギーに対してプロットしたものです．状態密度とは，付録2A.5に示すように，単位エネルギー幅の中に電子状態がいくつ入るかを表すものです．アルカリ金属のs軌道は結晶全体に広がり自由電子に近い状態です．この場合の状態密度はバンドの底 E_C から測った電子エネルギーの平方根 $(E - E_C)^{1/2}$ で表されます．電子は E_C から E_F までを占有します．図の陰のついている部分が電子によって占有されているエネルギー状態です．

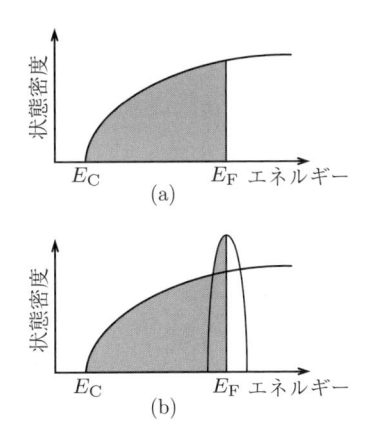

図2.10 (a) アルカリ金属の状態密度曲線と (b) 遷移金属の状態密度曲線

これに対し，Fe など遷移金属では s, p 電子のほかに部分的に占有された 3d 電子殻をもちますが，3d 電子は，比較的原子付近に局在化しているので，図 2.10 (b) に示すように幅が狭く状態密度が高いバンドとなって，sp バンドに重なって現れます．図 2.10 (b) は，磁性をもたない場合の遷移金属のバンド状態密度図を模式的に描いた概念図です．

磁性体のバンドには電子のスピンを考慮しなければなりません．上向きスピンの電子の作るバンドと下向きスピンの電子が作るバンドに分けて考えるのです．

図 2.11 にはスピンを考慮した状態密度曲線を示します．慣習に従って，図 2.10 を 90 度回転して，縦軸にエネルギーを，横軸に状態密度をとって表します．右半分が上向きスピン，左半分が下向きスピンをもつ電子の状態密度です．

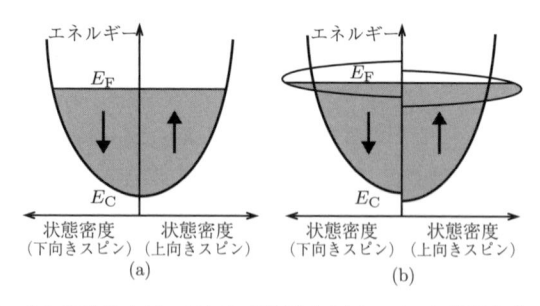

図 2.11 (a) 非磁性金属，(b) 強磁性遷移金属のバンド状態密度の模式図

通常の非磁性金属では，図 2.11 (a) に示すように上向きスピンと下向きスピンの状態密度は等しく，左右対称となります．一方，強磁性金属の場合の状態密度は図 2.11 (b) に示すように上向きスピンバンドと下向きスピンバンドの曲線のエネルギー位置がずれています．このずれは，3d バンドにおいては大きく，sp バンドでは小さいと考えられます．

上向きスピンバンドと下向きスピンバンドのずれは，電子間の交換相互作用から生じ，**交換分裂** (exchange splitting) と呼ばれます．交換相互作用については付録 2B を参照してください．3d 電子系の方が sp 電子系より大きな交換分裂を示すのは，3d 電子系の電子雲の広がりが sp 電子系の広がりに比べて小

さいため，電子同士の間のクーロン相互作用が大きいことによります．

2.3.3 鉄の磁気モーメントはバンドモデルで説明できる

遍歴電子モデルでは，上向きスピンバンドと下向きスピンバンドの占有された電子密度の差 $n_\uparrow - n_\downarrow$ が磁気モーメントの原因になると考えます．すなわち $\mu = (n_\uparrow - n_\downarrow)\mu_B$ です．ここに，μ_B はボーア磁子です．図2.12は3d遷移金属および合金における原子当たりの磁気モーメントの大きさをボーア磁子を単位として，電子数に対してプロットした実測曲線（スレーター・ポーリング曲線[1]）です．

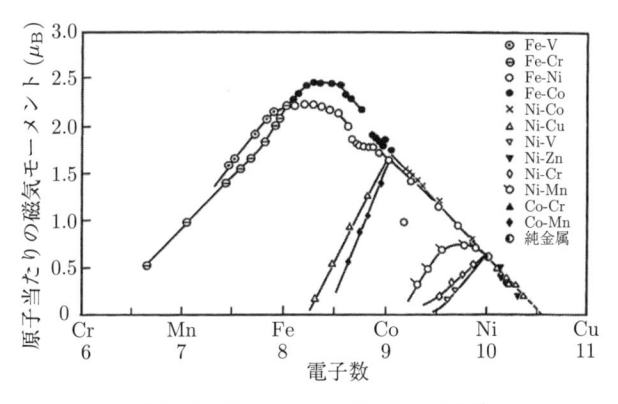

図2.12 スレーター・ポーリング曲線

図に示すように，3d遷移金属の原子当たりの磁気モーメントは整数ではない値をとります．Feでは $2.219\mu_B$，Coでは $1.715\mu_B$，Niでは $0.604\mu_B$ です．このような非整数の磁気モーメントは，上向きスピン電子と下向きスピン電子のバンド占有の差を使って $\mu = (n_\uparrow - n_\downarrow)\mu_B$ のように説明できます．このような考え方を，**ストーナーモデル**[2]といいます．

Feは体心立方構造 (bcc)，Coは六方稠密構造 (hcp)，Niは面心立方構造 (fcc) と構造が異なりバンド構造の詳細も異なるので，同じバンド構造における占有を考えるのは正しくありませんが，現在では，それぞれのバンド構造を第1原理計算から導くことができ，交換分裂の大きさや，モーメントの大きさが理論的に求められています．

一例として，図 2.13 に小口により FLAPW 法で計算された Fe のバンド分散曲線 (a) と状態密度曲線 (b) を示します．上向きスピンの狭い 3d バンドがフェルミエネルギー E_F の直下にあり，下向きスピンの狭い 3d バンドが E_F の直上にあることがわかります．これらの計算結果は，光電子分光によって実験的に検証されています．

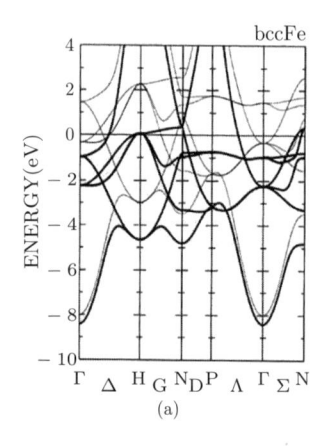

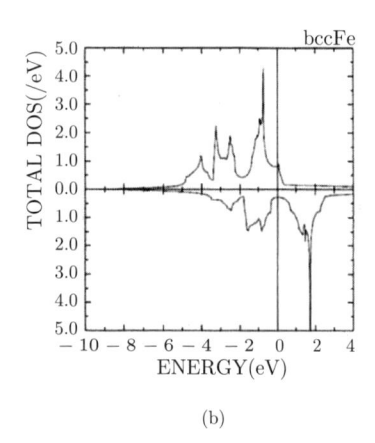

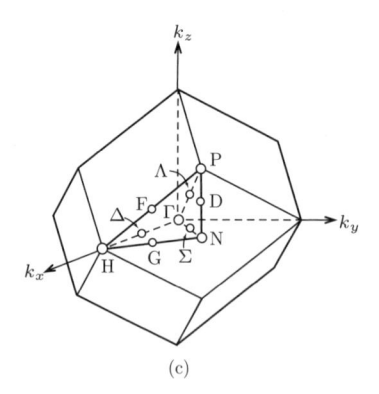

図 2.13 (a) Fe のスピン偏極バンドの分散曲線．太線：上向きスピン，細線：下向きスピン．(b) スピン偏極状態密度曲線．(c) bcc 構造のブリルアンゾーン (BZ)（小口多美夫氏のご厚意による）

**Q
2.1**　クーロン相互作用が大きいと交換相互作用も大きいのですか？ 両者の関係がわかりません.

**A
2.1**　磁性体中の磁気モーメントが互いに向きをそろえあうように働くのが交換相互作用 (exchange interaction) です．なぜ「交換」というのかというと，これはもともと，原子内の多電子系において，電子と電子の間に働くクーロン相互作用の総和を考えるときに，電子同士が区別できないことによる「数えすぎ」を補正するために導入された項に由来します．（詳細は付録 2B.1 を参照してください.）したがって，交換相互作用はクーロン相互作用が大きいほど大きくなるのです．

**Q
2.2**　図 2.13 (a) の横軸に書いてある Γ とか Δ とか H とかの記号は何を表しているのですか？

**A
2.2**　付録の図 2A.3 に記したように，エネルギーバンド分散曲線の横軸は電子の波の波数 k です．結晶の周期性のため，付録図 2A.6 のようにバンドは逆格子の周期性をもち，隣接する逆格子点の中間点がブリルアンゾーン (BZ) の端になり，バンドはここで折り返されます．

　付録の図 2A.6 の場合は 1 次元でしたが，3 次元になると BZ は複雑な形になります．図 2.13 (c) は，体心立方 (bcc) 構造をもつ結晶の BZ です．Γ 点は原点で $k = (0, 0, 0)$ に対応します．H 点は $k = (1, 0, 0)$ 点に対応します．原点 (Γ) から $\langle 1\,0\,0 \rangle$ 方向に H 点にいたる直線には Δ という名前がついています．

　図 2.13 (a) の E-k 分散曲線は，BZ の原点 (Γ) から H 点 ($k = (1, 0, 0)a^*$) に沿ってのダイヤグラム，H 点から N 点 ($k = (1, 1, 0)a^*/\sqrt{2}$) に沿ってのダイヤグラム，N 点から P 点 ($k = (1, 1, 1)a^*/\sqrt{3}$) に沿ってのダイヤグラム，P 点から原点に沿ってのダイヤグラムを屏風のようにつなぎ合わせて示したものです．（a^* は逆格子の格子定数です.）

Q 2.3 バンド分散曲線って何に役立つのですか？

A 2.3 私の知るところでは，Fe の Γ-Δ-H に沿っての分散曲線は，(1) Fe/Au 多層膜の磁気光学スペクトルを理解するとき，および (2) Fe/MgO/Fe TMR 素子を設計するときにたいそう役立ったということです．図 2.14 は，Fe/Au 接合においてバンド構造がどのように接続するかを表したものです．

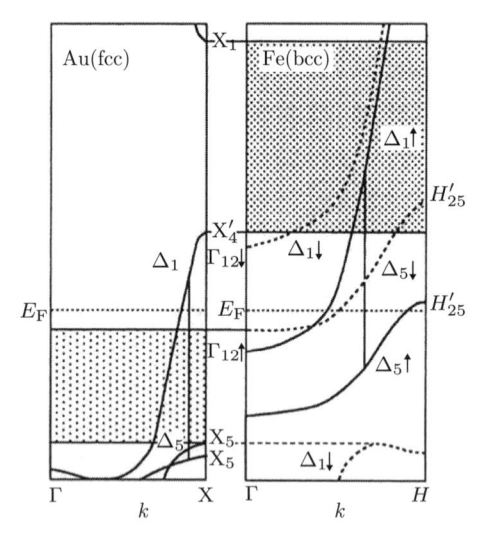

図 2.14 Fe/Au 接合におけるバンド構造の接続

(1) Fe のバンドで網をかけた範囲には，Au のバンド分散曲線がありませんから，この範囲に励起された電子は，Fe の内部に閉じ込められ，Au に進むことができません．一方，Au のバンド構造で網をかけた範囲には，対応する下向きスピンのバンドの分散がないので，Au から Fe に上向きスピンの電子は進むことができるけれども，下向きスピンの電子は Fe に向かって進めず，Au 内に閉じ込められ量子準位をつくります．これによって，Au/Fe/Au 超薄膜の磁気光学スペクトルにおけるピーク

構造の層厚依存性が説明されました[3]．

(2) 同様に，Fe/MgO/Fe のトンネル素子においては，Fe の $\langle 1\,0\,0 \rangle$ 方向の sp 電子（Δ_1 バンド）がトンネルに寄与するのですが，フェルミ準位 E_F においては上向きスピンバンドにはこの Δ_1 バンドが存在するのに対し，下向きスピンバンドには存在しません．このため，磁化が平行のときはトンネルするが，反平行のときにはまったくトンネルできない，したがって大きな TMR を得るのです[4]．このためには，電子の Δ_1 対称性が保たれていることが必要で，アモルファスの Al_2O_3 では散乱によって対称性が保たれないため，大きな TMR が得られなかったのですが，単結晶 MgO を使うことでこれが可能になったのです．（詳しくは第 4 章 Q 4.3 参照．）

Q 2.4 鉄は遍歴電子で，鉄の酸化物は局在電子で説明できるとありましたが，何が両者を分けているのですか？

A 2.4 遍歴電子で考えるか，局在電子で考えるかの分かれ目は，バンドの幅 W，すなわち電子の動きやすさと，電子・相関エネルギー U，すなわちクーロン相互作用の強さのどちらが優勢かで決まります．

　3d 電子系は不完全内殻をもっているので，単純に考えれば 3d バンドは部分的にしか満ちておらず，金属的な電気伝導を示すはずです．しかし，電子が隣の原子のある軌道に移ろうとするとき，すでにその軌道に電子が 1 個占有しているなら，同じスピンの電子が移ってきても同じ軌道に入れないので，別の空いた軌道を占めるのでエネルギーの増加はないのですが，逆向きスピンの電子が移ってくると，同じ軌道に入ることができるためクーロン相互作用が強くなり，電子相関 U だけ高いエネルギーが必要になります．もしバンド幅 W が U より十分大きいならば，電子が移動したほうがエネルギーを得するので金属的になりますが，W が U より小さいと，電子の移動が妨げられ，電子は原子位置に局在するのです．これをモット局在といいます．ワイドギャップの酸化物などでは，金属に比べバンド幅が狭いので，局在しやすいのです．

2.4 ワイスの分子場理論

ここでは，強磁性体において，自発磁化が生じるメカニズム，自発磁化の温度変化とキュリー温度 T_C，T_C 以上でのキュリー・ワイスの法則など，強磁性のふしぎについてワイスの理論に従って説明します．

2.4.1 自発磁化が生じるメカニズム：分子場理論

2.3.3 項では金属の強磁性の発現がスピン偏極したバンドにおける上向きスピン電子と下向きスピン電子の数の差によって説明されました．

一方，鉄の酸化物など絶縁性の磁性体では，原子磁石（磁気モーメント）が向きをそろえて並ぶならば，自発磁化の大きさが説明できます．それではなぜそろえあうのでしょうか？ これに回答を与えたのはワイス (Weiss) でした．ここでは，ワイスによる現象論的な理論である「分子場理論」を紹介します[5]．

ワイスは，図 2.15 (a) に示すように，強磁性体の中から 1 つの磁気モーメント（図では○で囲んである）を取り出し，そのまわりにあるすべての磁気モーメントから生じた有効磁界 H_{eff} によって，考えている磁気モーメントが常磁性的に分極するならば自己完結的に強磁性が説明できると考えました．これがワイスの分子場理論です．このとき，磁気モーメントに加わる有効磁界を分子磁界 (molecular field) と呼びます．

磁化 M をもつ磁性体に外部磁界 H が加わったときの有効磁界は $H_{\text{eff}} = H + AM$ と表されます．A を分子場係数と呼びます．量子力学によれば，A は $A =$

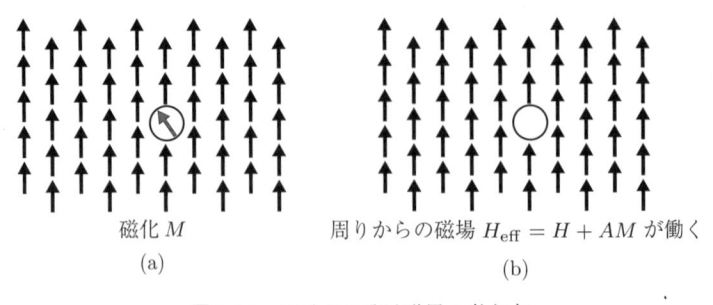

磁化 M
(a)

周りからの磁場 $H_{\text{eff}} = H + AM$ が働く
(b)

図 2.15 ワイスの分子磁界の考え方

2.4 ワイスの分子場理論 | 45

$2zJ_{ex}/(N(g\mu_B)^2)$ で与えられます．ここに J_{ex} は交換相互作用の大きさ，z は配位数（隣りにくる原子の数）です．

この磁界によって生じる常磁性磁化 M は，すべての磁気モーメントが整列したときに期待される磁化 $M_0 = Ng\mu_B J$ で規格化して，

$$\frac{M}{M_0} = B_J\left(\frac{g\mu_B H_{eff} J}{kT}\right) \tag{2.20}$$

という式で表されます．ここで，$B_J(x)$ という関数は，全角運動量量子数 J をパラメータとする**ブリルアン関数**[†]という非線形関数です．

強磁性状態では外部磁界がなくても自発磁化が生じるので，$H = 0$ のときの有効磁界 $H_{eff} = AM$ を式 (2.20) に代入し

$$\frac{M}{M_0} = B_J\left(\frac{g\mu_B AMJ}{kT}\right) = B_J\left(\frac{2zJ_{ex}J^2}{kT}\frac{M}{M_0}\right) \tag{2.21}$$

が成立しなければなりません．

ここで左辺を y と置き $(y = M/M_0)$，B_J の引数を x と置くと式 (2.21) は

$$y = \left(\frac{kT}{2zJ_{ex}J^2}\right)x \tag{2.22}$$

$$y = B_J(x) \tag{2.23}$$

の連立方程式となります．これを図解したのが**図 2.16** です．図 2.16 の曲線は式 (2.23) を $J = 1/2, 3/2, 5/2$ の場合についてプロットしたものです．

一方，図 2.16 の細い直線は，式 (2.22) を表します．その勾配は T に比例するので，温度が高いほど急に立ち上がります．自発磁化が生じるのは，直線 (2.22) と曲線 (2.23) の交点がある場合です．① の場合（低い温度）では交点があるので自発磁化が存在します．② の直線は $x = 0$ において $B_{5/2}(x)$ の接線となり $T = T_C$ に対応します．高い温度 $T > T_C$ に対応する直線 ③ では交点がなく，自発磁化は存在せず常磁性になります．

[†] ブリルアン関数とは $B_J(x) = \{(2J+1)/2J\}\coth((2J+1)x/2J) - (1/2J)\coth(x/2J)$ で定義される関数である．

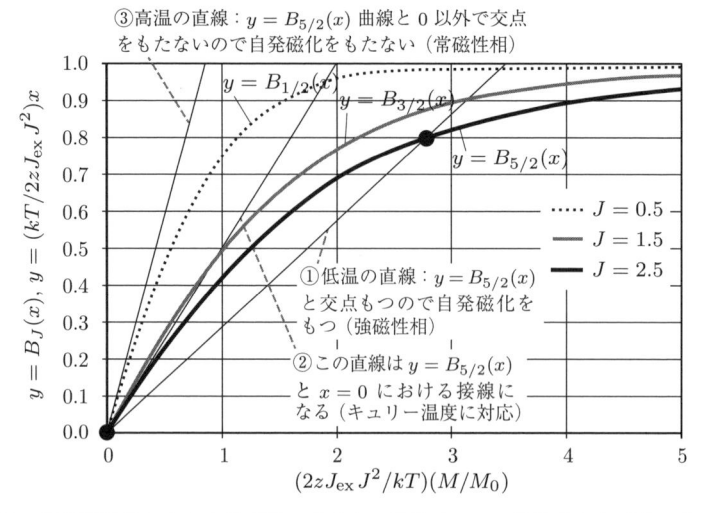

図 2.16 分子場近似による自発磁化の求め方．横軸は kT で規格化した磁化．曲線はブリルアン関数

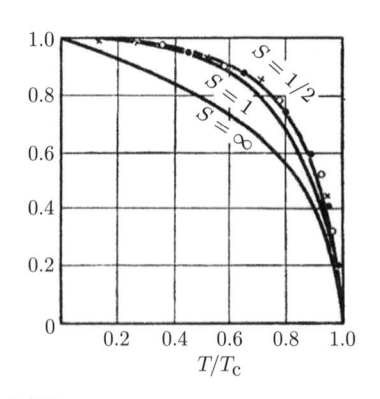

図 2.17 自発磁化の温度変化
×は鉄，●はニッケル，○はコバルトの実測値，実線は J としてスピン $S = 1/2, 1, \infty$ をとったときの計算値

　図 2.17 は，両者の交点から自発磁化 M の大きさを温度 T の関数として求めた曲線です．横軸は T_C で規格化した温度 (T/T_C) です．多くの強磁性体の磁化の温度依存性の実験値は，鉄 (Fe) やニッケル (Ni) のような金属であっても分子場理論によってよく説明できます．

2.4.2 キュリー・ワイスの法則

磁気モーメント間に相互作用がない場合，2.2.7項に述べたように常磁性体の磁化率 $\chi = M/H$ の温度変化はキュリーの法則に従い，

$$\chi = \frac{C}{T} \tag{2.24}$$

で与えられます．ここに C はキュリー定数です．もし，$1/\chi$ を T に対してプロットして図2.18の上の直線のように原点を通れば常磁性です．

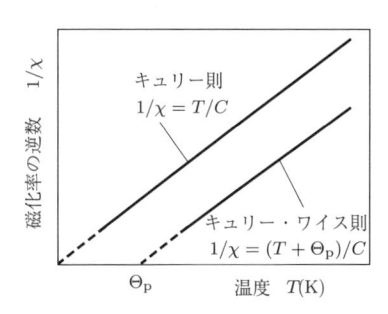

図2.18 キュリーの法則とキュリー・ワイスの法則

強磁性体のキュリー温度以上では，磁気モーメントがランダムになり常磁性になります．このときの磁化率は，キュリー・ワイスの法則

$$\chi = \frac{C}{T - \Theta_\mathrm{p}} \tag{2.25}$$

で与えられます．Θ_p のことを常磁性キュリー温度と呼びます．$1/\chi$ を T に対してプロットしたとき，図2.18の下の直線のように外挿して横軸を横切る値が Θ_p です．この値が正であれば強磁性，負であれば反強磁性です．Θ_p は T_C に必ずしも等しくありません．

キュリー・ワイス則はワイスの分子場理論に基づいて説明されます．有効磁界は $H_\mathrm{eff} = H + AM$ で与えられます．一方，M と H_eff の間にはキュリー則が成立するので，$M/H_\mathrm{eff} = C/T$ と表せます．これらを連立して解くと，$M = CH/(T - AC)$ が得られます．$\Theta_\mathrm{p} = AC$ とすれば，

$$\chi = \frac{M}{H} = \frac{C}{T - \Theta_\mathrm{p}} \tag{2.26}$$

となって，キュリー・ワイス則が導かれました．

Q 2.5 どうして，金属である鉄やニッケルの磁化の温度依存性が局在電子系を出発点としている分子場理論で説明できるのでしょうか？

A 2.5 鉄やニッケルの3dバンドは，図2.13 (a) に示すように，波数に対してエネルギーが大きく変化する広い3dバンドと，波数を変えてもエネルギーがほとんど変化しない狭い3dバンドから成り立っています．幅の狭いバンドは，局在性の強いバンドです．つまり，3d遷移金属の電子密度は結晶全体に広がる成分と，原子位置付近に局在する成分から成り立っています．原子付近に振幅をもつ成分に関しては，局在電子的に振る舞うと考えることができます．そのことは，実験で得られた磁化曲線が$S = 1/2$でよくフィットすることにも見られます．

　ちなみに，スターンズは，Feに不純物を添加したときのメスバウア効果の研究から，不純物の磁気モーメントが，Feからの距離に応じて振動的に変化していることを見いだしました．これに基づいて，鉄には局在3d電子と遍歴3d電子とがあって，遍歴3d電子が間接交換 (RKKY) 相互作用（付録2B.3参照）を通じて局在3d電子のスピンをそろえるために強磁性になるという解釈をしました[6]．遍歴電子磁性も物理的にはいろいろな解釈ができるようです．

Q 2.6 常磁性相でのキュリー・ワイス則は金属磁性体では成り立たないのでしょうか？

A 2.6 金属伝導性をもつ物質でも，キュリー・ワイス則に従う物質が見られます．原子位置付近に局在する成分があるとすればキュリー・ワイス則が成立しても不思議ではありません．また，金属伝導性をもつ強磁性体CoS_2において磁化率はT^*と呼ばれる温度以上でキュリー・ワイス的な振る舞いをします．これは守谷理論で，縦モードのスピンの揺らぎが飽和することによって横モードのスピンの揺らぎのみとなり，これがキュリー・ワイス的振る舞いをすることで説明されています[7]．

Q 2.7 遍歴電子磁性体の常磁性相では交換分裂はなくなるのですか？

A 2.7 「スピン偏極光電子分光によって上向きスピンバンドと下向きスピンバンドの温度変化を見ると，Ni では，分裂幅は磁化率と対応して小さくなるのに対し，Fe では分裂幅は変化せずに強度比が変化して磁化率に対応する」とされています．単純ではないようです．今後の研究課題です．

第 2 章のまとめ

この章では，まぐねの国のミクロの街を訪れ，磁性体の磁気がどのように生じるかを探りました．磁性の起源は原子の中の電子のもつ軌道およびスピン角運動量が担っていること，Fe の示すような金属強磁性は，電子のスピンを考慮したバンド構造を考えて初めて説明できること，磁化の温度依存性や，キュリー温度，常磁性領域でのキュリー・ワイスの法則は，ワイスの分子場モデルで定性的に説明できることを学びました．このモデルのバンド理論との整合性は，いまのところ完全には理解されていないことも学びました．

付録 2A: バンド電子モデルのてほどき

2A.1　金属の電子と金属結合

原子の中の電子は**図 2A.1** (a) に示すように，クーロン力によって原子核（プラスの電荷）に引きつけられてそのまわりを回っているイメージですが，量子力学によると，電子は (a) のようなシンプルな形ではなく，(b) に示すように，雲のように広がって原子核のまわりを取り囲んでいるというのです．原子が 2 個寄り集まって，(c) から (d) のように接近すると，電子は隣の原子の位置にまで広がります．金属では，(e) のように原子が接近して並んでいるので，電子が隣の原子，さらにその隣の原子へと広がっていきます．このため，よそからきたマイナスの電荷をもつ電子が原子の位置にいて，原子核からのクーロン力が弱まって，もともといた電子に対する束縛力が弱くなります．すると電子は，

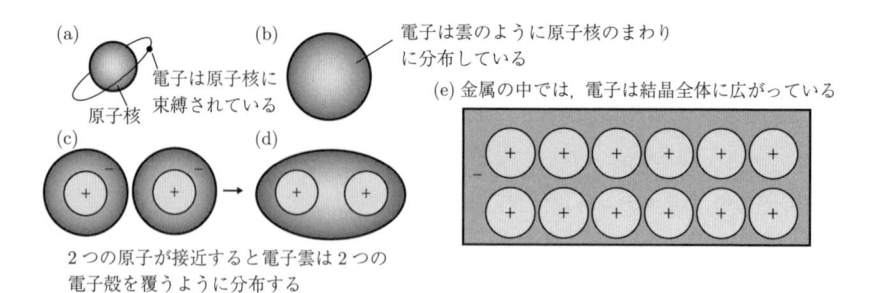

図 2A.1 金属の中の電子の描像．金属原子が接近すると，電子が原子核からの束縛を離れて，隣接原子，さらには結晶全体に広がる

もっと広がって，ついには結晶全体に広がります．

原子核は電子の海に浮かんでいて，量子的な力が働いて規則的に並びます．これが「金属結合」です．ナトリウム Na は，外殻電子を 1 個もつ単純な金属ですが，$1\,\mathrm{cm}^3$ 当たり 2.5×10^{22} 個もの電子がうようよしているのです．これが金属の自由電子です．

2A.2 自由電子の波数

自由電子は，図 2A.2 のような平面波として扱うことができます．電子の運動量 p と電子の波の波長 λ の関係は，$p = h/\lambda$ で与えられます．金属のバンド理論では，波長を使う代わりに，波長の逆数に 2π をかけた $k = 2\pi/\lambda$ を使います．この k は波数と呼ばれ，単位長さにいくつ波が存在するかを表します．

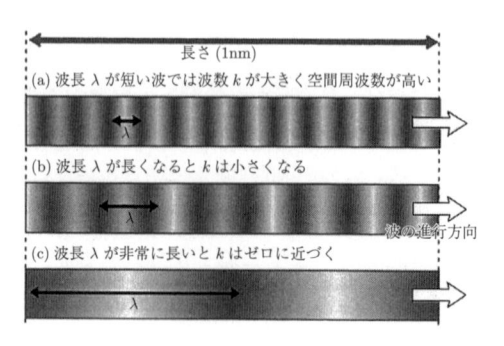

図 2A.2 電子の波数 k は，空間における周波数のようなもの

いわば空間周波数です．

図 2A.2 において，1 nm の長さの中の波の数を考えます．(a) では $\lambda = (1/16)$ nm で $k = 2\pi \times 16 \times 10^9 \,\mathrm{m}^{-1} \approx 10^{11} \,\mathrm{m}^{-1}$, (b) では $\lambda = (1/8)$ nm なので，$k \approx 5 \times 10^{10} \,\mathrm{m}^{-1}$, (c) では $\lambda = (1/2)$ nm なので，$k = 1.25 \times 10^{10} \,\mathrm{m}^{-1}$ と，波長が短いときは単位長さの中に波がたくさん入るので波数 k は大きくなり，波長が長くなると波数 k は小さくなります．このように，波数 k は実空間における周波数と考えられます．

2A.3 自由電子の運動エネルギーは？

速度 v をもって運動している質量 m の粒子の運動エネルギー E は，$E = (1/2)mv^2$ で表されますが，運動量 $p = mv$ を使って書き直すと，$E = p^2/2m$ で表されます．

波の運動量は $p = h/\lambda$ で表されますが，$p = (h/2\pi)(2\pi/\lambda) = \hbar k$ と書き直せます．ここで $\hbar$ はプランク定数 h を 2π で割った物理定数です．したがって，自由電子のエネルギーは波数の関数として，

$$E = \frac{\hbar^2 k^2}{2m} \tag{2A.1}$$

となってエネルギーは波数 k の 2 次関数で表されます．このように k の 2 次関数で表される場合を，放物線型といいます．この式を図示したのが図 **2A.3** です．このように横軸を波数で表す方法を，k 空間での表示といいます．

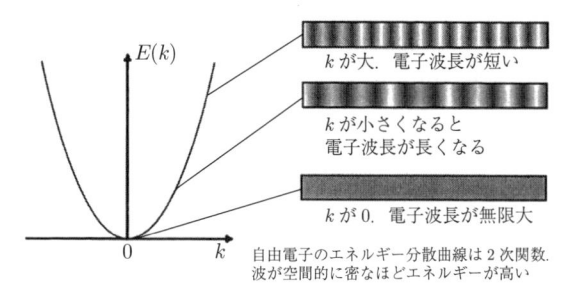

図 2A.3　自由電子の運動エネルギーは波数 k の 2 次関数で表される

2A.4 周期ポテンシャルのもとでバンドが生じる

結晶には，図 2A.4 の (a) のように空間的に周期的に並んだ正電荷をもつ原子核が存在するので，(b) のような周期的なポテンシャルエネルギー $V(x)$ が生じます．

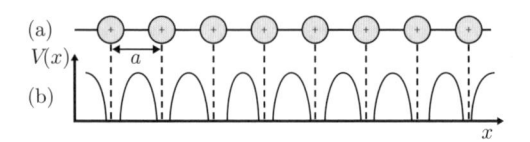

図 2A.4 周期的原子配列と電子の感じるポテンシャルエネルギー：原子核の位置には正電荷があるので，電子に対するポテンシャルエネルギーは低くなっている

このときのシュレーディンガー方程式は，

$$-\frac{\hbar^2}{2m}\frac{\partial^2}{\partial x^2}\varphi + V(x)\varphi = E\varphi \tag{2A.2}$$

となります．周期ポテンシャル中の電子の波動関数 φ は，原子配列の周期 a（格子定数）をもつ周期関数 $u(x)$ で振幅変調された平面波で表すことができます．式で書くと

$$\varphi = u_k(x)e^{ikx} \tag{2A.3}$$

です．このように書き表されることを**ブロッホの定理**，関数を**ブロッホ関数**と呼びます．

関数 $u_k(x)$ は周期 a をもつ周期関数ですから，

$$u_k(x+a) = u_k(x) \tag{2A.4}$$

の関係が成り立ちます．

図 2A.5 は，ブロッホ関数の空間的な変動を表す模式図です．いま，式 (2A.2) においてポテンシャル $V(x)$ を 0 と置いた極限を考えます．これを**空格子近似**と呼びます．ブロッホ関数の固有エネルギーは式 (2A.1) ではなく，

$$E(k) = \frac{\hbar^2(k+na^*)^2}{2m} \quad (n\text{ は任意の整数}) \tag{2A.5}$$

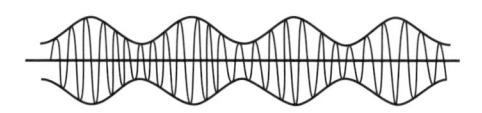

図 2A.5 ブロッホ関数の模式図
平面波の波動関数が，格子の周期で振幅変調された波になっている

で与えられます．ここに a^* は逆格子（k 空間の格子）の単位格子の大きさで

$$a^* = \frac{2\pi}{a} \tag{2A.6}$$

で表されます．結晶中の電子のエネルギーは式 (2A.5) で表され，**図 2A.6** (a) に示すように，k に任意の逆格子 na^* を付け加えた量に対して 2 次関数になっています．ここで，周期ポテンシャルを導入すると，2 つのエネルギー曲線，たとえば，$n=0$ のエネルギー曲線に対応する波動関数と，$n=1$ のエネルギー

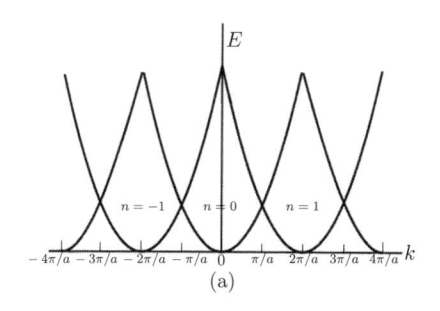

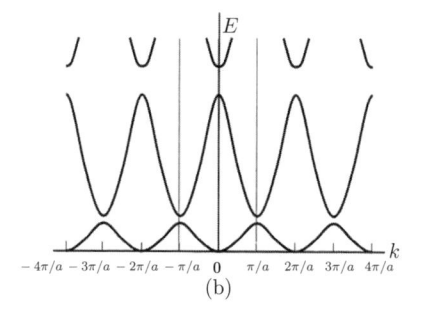

図 2A.6 ブロッホ関数に対するバンド分散曲線
(a) 空格子近似，(b) 周期ポテンシャルのある場合

曲線に対応する波動関数との間に相互作用による混ざりが起き，図 2A.6 (b) のように，エネルギー分散曲線の交点付近で反発するような形となり，バンド構造が生じます．

周期ポテンシャルのもとでの電子のエネルギー分散曲線は，図 2A.6 (b) に示したように，逆格子の周期で繰り返されているので，1 周期分（これを第 1 ブリルアン域といいます）$[-\pi/a, \pi/a]$ の範囲を切り出した図 2A.7 のエネルギー分散図を使うことができます．電子のエネルギーがとり得る値は，右図の網をかけたところに示すように幅をもっているのでエネルギー帯（バンド）と呼び，バンドとバンドの間の電子がとることのできないエネルギー範囲をバンドギャップと呼びます．

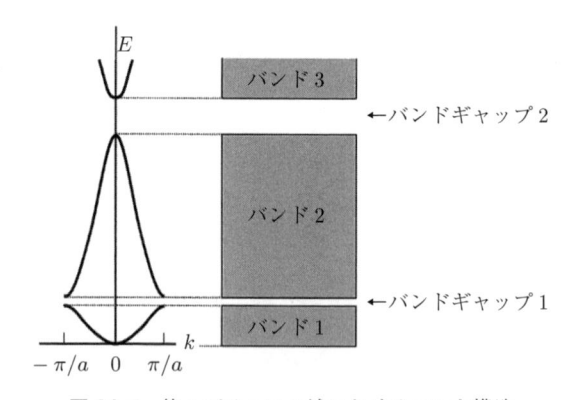

図 2A.7　第 1 ブリルアン域におけるバンド構造

各バンドにはスピンも入れて 2 個の状態があるので，Na の場合，外殻電子は 3s 電子 1 個がバンド 1 の半分だけを占有し，バンド 1 が伝導帯となります．ちなみに，半導体のシリコンでは 4 個の外殻電子がバンド 1 とバンド 2 を占有し価電子帯となる一方，バンド 3 は電子のない伝導帯となりバンドギャップを生じます．

2A.5　状態密度 (DOS) 曲線とは？

バンド構造において，E と $E+dE$ のあいだのエネルギーに電子のとり得る状態がどれくらいあるかを表すのが状態密度 (DOS: density of states) $N(E)$

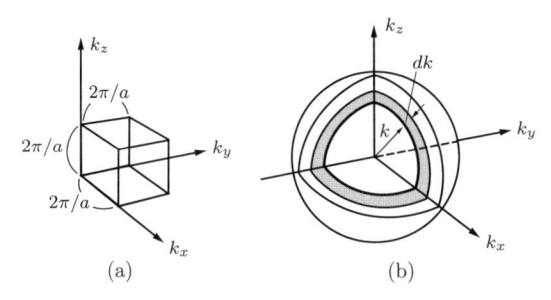

図 2A.8 (a) k 空間における単位格子,(b) 半径 k の球と半径 $k+dk$ の球との間にある球殻を考える

です.状態密度はそこを実際に電子が占めているかどうかにかかわりなく,バンド構造が決まれば決まるもので,いわば座席のようなものです.

長さ a の立方体に閉じ込められた自由電子においては,図 2A.8 (a) のように,波数 k が x, y, z のどの成分についても $2\pi/a$ を単位として等間隔に飛び飛びの値をとるので,k 空間において一辺が $2\pi/a$ の立方体にスピンを含めて 2 つの状態が含まれると考えられます.

一方,エネルギー E と波数 k の間には近似的に $E = \hbar^2 k^2/2m$ の関係が成り立ちます.$k^2 = k_x^2 + k_y^2 + k_z^2$ なので,E が与えられると波数ベクトル $\boldsymbol{k}$ は半径 k の球面上にあります.したがって,E と $E+dE$ の間のエネルギー幅に電子のとり得る状態の数を計算するには,波数ベクトルの長さが k と $k+dk$ の間にある状態の数を計算すればよいことになります.図 2A.8 (b) の半径 k の球と半径 $k+dk$ の球との間にある球殻の体積 ($4\pi k^2 \, dk$) の中に含まれる単位体積 $(2\pi/a)^3$ の立方体の数は $4\pi k^2 \, dk/(2\pi/a)^3$ ですが,スピンも含めるとこの 2 倍の状態の数があります.これは E と $E+dE$ の間のエネルギー領域に含まれる状態数 $N(E) \, dE$ に等しいはずなので,

$$N(E) \, dE = \frac{8\pi k^2}{(2\pi/a)^3} \, dk$$

ここで,$E = \hbar^2 k^2/2m$ より $dE = (\hbar^2 k/m) \, dk$ となり,上の式に代入することにより,

$$N(E) = \frac{8 \cdot 2^{\frac{1}{2}} \pi m^{\frac{3}{2}}}{a^3 h^3} E^{\frac{1}{2}} \tag{2A.7}$$

となり，放物線型のバンドにおける状態密度曲線はエネルギーの平方根に比例することが導かれました．

2A.6 フェルミエネルギー

2A.5 項で導いた状態密度（電子の席）に電子を置いていくと，どの席まで満たされるかを考えてみましょう．金属の電子系において結合に使われる電子の密度を n とすると，価電子はエネルギー 0 からこの状態密度曲線に従って占有していき，満たされた席の数が全部で $N = na^3$ 個になるまで占めていきます．このときの一番上のエネルギーを**フェルミエネルギー** (Fermi energy) E_F と呼びます．フェルミエネルギーは，

$$N = \int_0^{E_\text{F}} N(E)\, dE \tag{2A.8}$$

によって決定されます．この式に式 (2A.7) の $N(E)$ を代入して積分を実行すると，フェルミエネルギーとして

$$E_\text{F} = \frac{\hbar^2}{2m} \left(\frac{3\pi N}{a^3} \right)^{\frac{2}{3}} = \frac{\hbar^2}{2m} (3\pi n)^{\frac{2}{3}} \tag{2A.9}$$

が得られます．

▌付録 2B: 交換相互作用

2B.1 原子内交換相互作用

2 つの電子（波動関数を φ_1, φ_2 とする）の間に働くクーロン相互作用のハミルトニアン H の固有値を計算しましょう．まず，空間的な位置 r_1 にある電子 1 の波動関数を $\varphi_1(r_1)$，位置 r_2 にある電子 2 の波動関数を $\varphi_2(r_2)$ とすると，これらの 2 つの電子の間に働くクーロン相互作用のエネルギー K_{12} は

$$K_{12} = \int dr_1\, dr_2\, \varphi_1^*(r_1) \varphi_2^*(r_2) \left(-\frac{e^2}{r_{12}} \right) \varphi_1(r_1) \varphi_2(r_2) \tag{2B.1}$$

で与えられます．しかし，電子に印をつけることはできませんから，もし電子1と電子2とが同じスピンをもっていたとしたら，空間的な位置 r_2 に電子1の波動関数 $\varphi_1(r_2)$ がある場合と，位置 r_1 に電子2の波動関数 $\varphi_2(r_1)$ がある場合とを区別することができません．すなわち，数えすぎになっているのです．この数えすぎのエネルギー J_{12} を見積もると，

$$J_{12} = \int dr_1\, dr_2\, \varphi_1^*(r_1)\varphi_2^*(r_2)\left(-\frac{e^2}{r_{12}}\right)\varphi_1(r_2)\varphi_2(r_1) \tag{2B.2}$$

となります．この補正が必要になるのは，スピンが同じときのみです．なぜなら，両電子のスピンが逆向きであれば必ず区別がつくからです．以上のことから，2つの電子の間に働くクーロン相互作用のハミルトニアン H は，

$$H = K_{12} - \frac{J_{12}(1 + 4s_1s_2)}{2} \tag{2B.3}$$

と表されます．これを図示したものが図 2B.1 です．

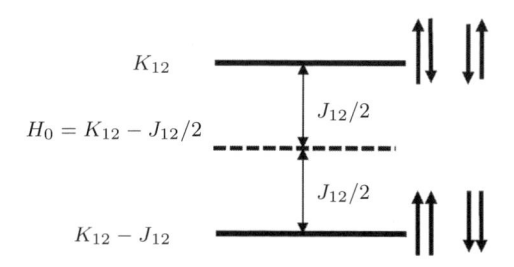

図 2B.1 交換相互作用によるエネルギーの低下

式 (2B.3) のハミルトニアンの固有値 E は s_1 と s_2 が同符号（したがって，$s_1s_2 = +1/4$）ならば，$E = K_{12} - J_{12}$ となりますが，異符号（したがって，$s_1s_2 = -1/4$）ならば $E = K_{12}$ となります．E と平均のエネルギー $H_0 = K_{12} - J_{12}/2$ との差，すなわち $-2J_{12}s_1s_2$ のことを**原子内交換エネルギー**といいます．2つの電子のスピンが同じであれば，エネルギーは交換相互作用の半分 $J_{12}/2$ だけ低くなり，スピンが逆向きであれば，$J_{12}/2$ だけ高くなります．

2B.2 原子間交換相互作用

この原子内交換相互作用の概念を原子間に拡張したのが，ハイゼンベルグのモデルです．物質の磁気秩序を考えるには物質系全体のスピンを考えなければならないのですが，電子の軌道が原子に局在しているとみなして，電子のスピンを各原子 i の位置に局在した全スピン S_i で代表させて，原子 1 の全スピン S_1 と原子 2 の全スピン S_2 との間に原子間交換相互作用が働くと考えるのです．

このとき交換エネルギーのハミルトニアン H_{ex} は，原子内交換相互作用を一般化した「見かけの交換積分」J_{12} を用いて

$$H_{\text{ex}} = -2J_{12}S_1 S_2 \tag{2B.4}$$

で表されます．これをハイゼンベルク型の交換相互作用といいます．

J_{12} が正であれば，H_{ex} の固有値は 2 つの原子のスピン S_1 と S_2 が平行のときに負となり，エネルギーが低くなるので，2 つの原子スピン間には強磁性相互作用が働きます．一方，J_{12} が負であれば反平行のときエネルギーが下がり，2 つのスピン間には反強磁性相互作用が働きます．

2B.3 さまざまな交換相互作用

(1) 直接交換相互作用

原子間の交換積分の起源として最も単純なのが，隣接原子のスピン間の直接交換 (direct exchange) です．隣接原子間の電子雲のかさなりが十分に大きければ，直接交換が起きてもよいのですが，この場合，本文に紹介したストーナーモデルのようにバンドの描像の方がよい近似となり，電子のスピンを各原子の位置に局在した全スピンで代表させるわけにいかないのです．このため直接交換の例はあまり見当たりません．

(2) 超交換相互作用

固体中でよく起きるのが，遷移元素の 3d 電子が酸素などのアニオン（負イオン）の p 電子軌道との混成を通して働く超交換相互作用 (superexchange)，および，伝導電子との相互作用を通じてそろえあう間接交換相互作用 (indirect exchange),電子の移動と磁性とが強く結びついている二重交換相互作用 (double exchange) です．

イットリウム鉄ガーネット YIG ($Y_3Fe_5O_{12}$) など多くの遷移元素酸化物は絶縁性のフェリ磁性体となります．遷移元素イオンの磁気モーメントはボーア磁子の整数倍の大きさをもち，イオンの位置に束縛された局在電子モデルを使ってよく説明できます．酸化物磁性体において原子スピン間に働くのは，配位子の p 電子が遷移金属イオンの 3d 軌道に仮想的に遷移した中間状態を介しての交換相互作用です．これを，**超交換相互作用**[8] と呼びます．電子の移動を通じて相互作用しているという意味で Anderson[9] は運動交換 (kinetic exchange) と名づけました．

金森，Goodenough によれば，アニオンを介して 180 度の位置にある 2 つの遷移元素の間に働く超交換相互作用は反強磁性的であり，90 度の位置にある場合は強磁性的であるとしました (図 2B.2)．

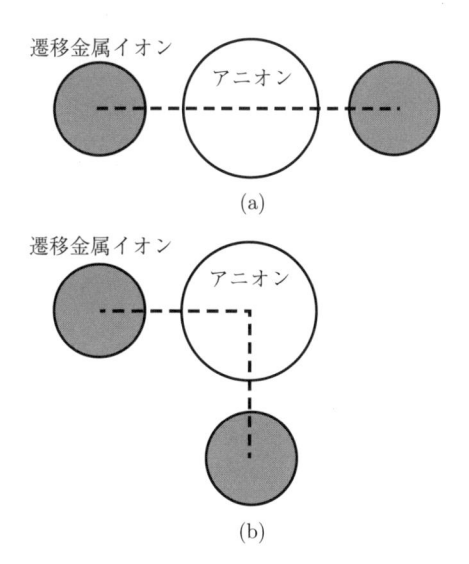

図 2B.2　超交換相互作用の模式図

(3) 間接交換相互作用

伝導電子を介した間接交換相互作用を **RKKY** (Rudermann, Kittel, Kasuya, Yoshida) **相互作用**といいます．Rudermann–Kittel 相互作用は，異なる原子の核スピン間に働く交換相互作用です．ルーダーマンとキッテルは核スピンの間に伝導電子を介した相互作用が働くと考えました[10]．糟谷は，この考え方を希土類金属の 4f 電子系に適用しその磁気秩序を説明しました[11]．4f 電子は原子に強く束縛されているので，直接交換も超交換も起きないはずです．**図 2B.3** に示すように，伝導電子である 5d 電子が 4f 電子と原子内交換相互作用することによってスピン偏極を受け，これが隣接の希土類原子の f 電子と相互作用するという形で，伝導電子を介する間接的な交換相互作用を行っていると考えるのです．芳田はこの概念を拡張して，3d 遷移金属を含む合金の磁性を説明しました[12]．

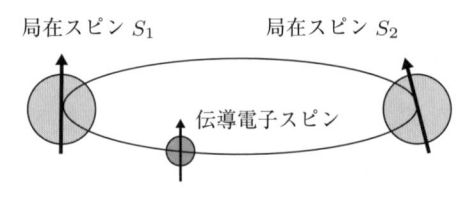

図 2B.3　間接交換相互作用

伝導電子を介した局在スピン間の間接交換相互作用は**図 2B.4** のように距離に対して余弦関数的に振動し，その周期は伝導電子のフェルミ波数 k_F で決まると考えられます．この振動を**フリーデル振動**または **RKKY 振動**といいます．隣接スピンがこの振動の正となる位置にくると強磁性，負となる位置にくると

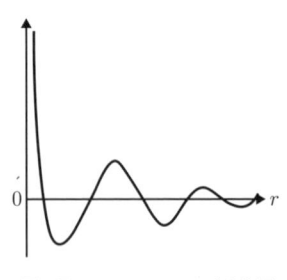

図 2B.4　フリーデル振動図

反強磁性です.

$$H_{\text{RKKY}} = -9\pi \frac{J^2}{\varepsilon_F}\left(\frac{N_e}{N}\right)^2 f(2k_F R)\boldsymbol{S}_1 \cdot \boldsymbol{S}_2 \tag{2B.5}$$

$$f(x) = \frac{-x\cos x + \sin x}{x^4} \tag{2B.6}$$

最近,磁性超薄膜と非磁性の超薄膜からなる多層構造膜やサンドイッチ膜において,層間の相互作用が距離とともに振動する現象が RKKY 相互作用または量子閉じこめ効果によって解釈されています.

(4) 2重交換相互作用

ペロブスカイト型酸化物 $LaMnO_3$ は絶縁性の反強磁性体ですが,La の一部を Ca で置換した $La_{1-x}Ca_xMnO_3$ ($0.2 < x < 0.4$) を作ると,強磁性となるとともに金属的な高い伝導性が生じます.この機構を説明するために導入されたのが,2 重交換相互作用の考えです[13].

3d 電子軌道のうち,酸化物イオンの $2p\sigma$ 軌道と混成してできた t_{2g} 軌道は局在性が強いのに対し,2s,$2p\pi$ 軌道と混成してできた e_g 軌道はバンドを作って隣接 Mn 原子にまで広がっています.

フントの規則により,原子内では t_{2g} 軌道と e_g 軌道のスピンは平行になっています.すべての Mn 原子は 3 価 ($3d^4$) なので e_g バンドには 1 個の電子が存在しますが,この電子が隣接 Mn 原子の e_g 軌道(反強磁性構造であるからスピンが逆向き)に移動しようとすると電子相関エネルギー U だけのエネルギーが必要なため電子移動は起きずモット絶縁体となっています.

3 価の La を 2 価の Ca で置換すると,電荷補償のため図 **2B.5** の右のように,4 価の Mn が生じます.Mn^{4+}($3d^3$) においては t_{2g} 軌道が満ち,e_g 軌道は空なので,他の Mn^{3+} から電子が移ることができ,金属的な導電性を生じます.このとき隣接する Mn 原子の磁気モーメントのなす角を θ とすると,e_g 電子の飛び移りの確率は $\cos(\theta/2)$ に比例します.$\theta = 0$(スピンが平行)のとき飛び移りが最も起きやすく,運動エネルギーの分だけエネルギーが下がるので強磁性となります.これを **2 重交換相互作用**といいます.

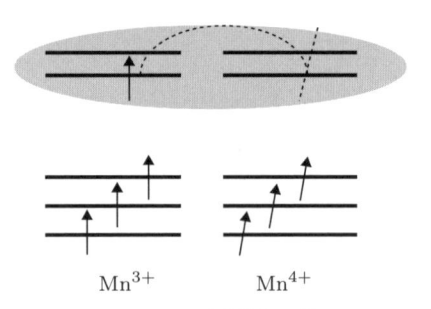

図 2B.5　二重交換相互作用

参考文献

1. J. C. Slater: *Phys. Rev.* 49, 537 (1936), および L. Pauling: *Phys. Rev.* 54, 899 (1938)
2. E. C. Stoner: *Proc. Royal Soc. A* 165, 372 (1938), 339 (1939)
3. 鈴木義茂，片山利一：応用物理学会誌 63, 1261 (1994)
4. W. H. Butler, X. G. Zhang, T. C. Schulthess, and J. M. MacLaren: *Phys. Rev. B* 63, 054416 (2001); J. Mathon and A. Umersky: *Phys. Rev. B* 63, 220403R (2001)
5. P. R. Weiss: *Phys. Rev.* 74, 1493 (1948)
6. M. B. Stearns: *Physics Today* 31, 34 (1978)
7. 守谷亨：日本物理学会誌 34, 473 (1979)
8. H. A. Kramers: *Physica* 1, 182 (1934)
9. P. W. Anderson: *Phys. Rev.* 79, 350 (1950)
10. M. A. Ruderman and C. Kittel: *Phys. Rev.* 96, 99 (1954)
11. T. Kasuya: *Prog. Theor. Phys.* 16, 45 (1956)
12. K. Yoshida: *Phys. Rev.* 106, 893 (1957)
13. C. Zener: *Phys. Rev.* 81, 446; 82, 403; 83, 299; 85, 324 (1951)

第3章
まぐねの国のふしぎに迫る

　よその国，たとえば半導体の国からまぐねの国に来て戸惑うのは，「磁性体は初期状態では磁気を帯びておらず，いったん強い磁界を受けると，磁気を帯びた状態になること」，さらに，「逆向きの磁気を帯びさせるには保磁力以上の逆向き磁界を加えなければいけない」ことです．これらの現象は，磁性体特有のマクロな街にのみ成り立つ掟なので，第2章のようなミクロの街の掟では説明できないのです．この章では，このようなまぐねの国のふしぎに迫ります．

3.1　磁性体はなぜ初期状態で磁気を帯びていないか——磁区と磁壁

　買ってきたばかりの鉄のクリップは，ほかのクリップをくっつけて持ち上げることができません．けれども，磁石をもってきて鉄クリップをこすると，クリップは磁気を帯び，磁石のようにほかのクリップをくっつけることができる

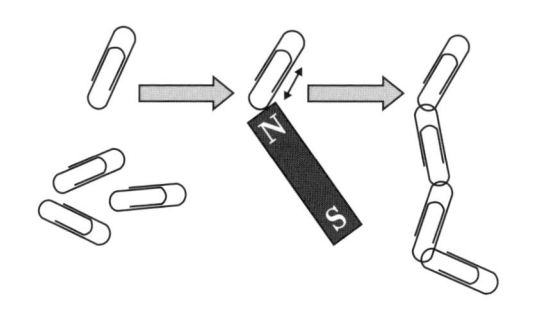

(a)　買ってきたばかりのクリップはほかのクリップを引きつけない
(b)　磁石でこすったクリップはほかのクリップを引きつけるようになる

図 3.1　鉄のクリップを磁石でこすると磁気を帯びる

ようになります．どうしてこんなことができるのでしょうか．

3.1.1 磁性体を偏光顕微鏡で見ると

クリップの鉄を偏光顕微鏡で拡大して見ると，磁気カー効果によって**図 3.2**に模式的に示すように磁石の向きが異なるたくさんの領域に分かれていることがわかります．図の場合は4つの方向を向いているので，磁気モーメントのベクトル和はゼロになり，全体として磁化を打ち消しています．

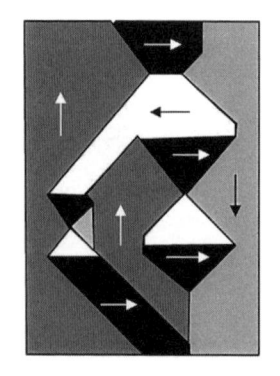

図 3.2 磁化前の磁性体の磁区構造の模式図

クリップを磁石でこすり磁界を加えると，磁界の方向を向いた磁気領域が大きくなり，磁界を取り去っても完全にはもとに戻らないため，クリップは磁石のように磁気を帯びます．こうなると別のクリップを引きつけることができます．

磁気モーメントが同じ方向を向いている領域のことを**磁区**と呼びます．初期状態（磁石で擦る前）のクリップが磁気を帯びていなかった理由は，磁性体が磁区に分かれていることで説明されました．

Q 3.1 磁区に分かれていることは誰が考えついたのですか？ また，実際にはどうやって確かめたのですか？

A 3.1 磁区の概念は，有名なワイスが1907年にその論文で指摘したのが最初だとされています．磁区が発見されたのは40年も後の1947年のことで

3.1 磁性体はなぜ初期状態で磁気を帯びていないか——磁区と磁壁 | 65

す．ウィリアムスが磁性微粒子を懸濁したコロイドを磁性体に塗布し，顕微鏡で観察することによって，磁区の存在を確かめました．

Q 3.2 なぜ磁区に分かれるのですか？

A 3.2 磁区の理論は，固体物理学の教科書で有名なキッテルが1949年に打ち立てました．物質が磁化をもつと磁極間に**反磁界**が働くので磁化が不安定になりますが，磁区に分かれると反磁界の効果が少なくなるのです．反磁界のことは3.1.2項で説明します．

3.1.2 磁性体の磁束線と磁力線——反磁界の起源

磁性体が磁区に分かれることを説明するには，磁性体の中をつらぬく反磁界のことを考えなければなりません．

第1章のQ 1.7で，磁化 M をもつ磁性体に外部磁界 H を加えた場合，磁性体中の磁束密度は $B = \mu_0 H + M$ となることを指摘しました．

外部磁界のない場合 ($H = 0$) を考えると，磁性体の内部では $B = M$ となります．

磁性体の中の原子磁石は図3.3のようにきちんと方位を揃えて配列していて，磁化 M をもつと考えます．

磁性体の内部の原子磁石に注目すると，1つの原子磁石のN極はとなりの磁性体のS極と接していますから，内部の磁極はうち消し合い，磁性体の端っこ

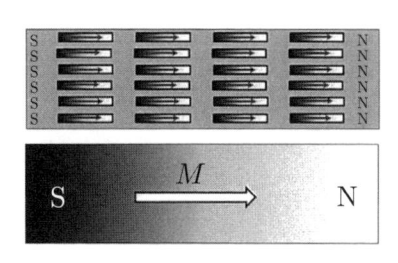

図3.3 磁性体の内部には多数の原子磁石があるが，隣り合う原子磁石の磁極は互いに打ち消しあい両端に磁極が生じる

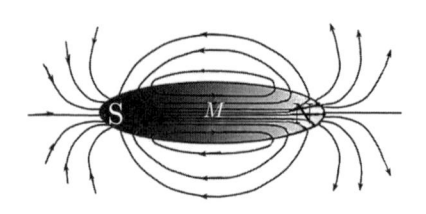

図 3.4　磁束線は磁化と連続

にのみ磁極（磁荷）が残ります．これは図 2.1 で磁石を微細化したときと逆の過程ですね．

　磁性体内部の磁束密度（磁化 M に等しい）と外部磁束密度 B は連続なので，B の流れを表す磁束線は図 3.4 のように外部と内部がつながっています．

　これに対して，N, S の磁極がつくる磁界による磁力線は磁性体の外も中も関係なく，図 3.5 の線のように N 極から湧きだし S 極に吸い込まれます．磁性体の外を走る磁界は $H = B/\mu_0$ なので，磁力線は磁束線と同じ向きですが，磁性体の内部の磁界の向きは磁化の向きと逆向きなのです．この逆向き磁界 H_d のことを**反磁界**と呼びます．

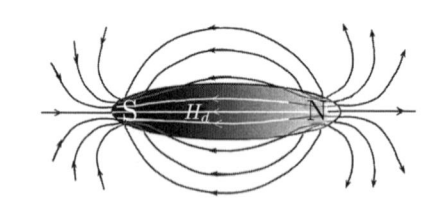

図 3.5　磁力線は N 極から S 極に向かって流れている

Q 3.3　反磁界と反磁性の区別がわかりません．

A 3.3　英語で書くと反磁界は demagnetization field です．"de" は減少を表す接頭辞で，demagnetization は外から加えた磁界を減じる作用という意味です．したがって，反磁界は，正しくは自己減磁界と書くべきものです．一方，反磁性は英語では diamagnetism です．"dia" は逆向きを表す接頭辞で，外から加えた磁界と逆向きの磁化を示す磁性という意味です．両者はまったく別のものです．

3.1.3 形で異なる反磁界係数

反磁界 H_d [A/m] は磁化 M [T] がつくる磁極によって生じるのですから磁化に比例し，

$$\mu_0 H_d = -NM \tag{3.1}$$

と書くことができます[†]．この比例係数 N を反磁界係数と呼びます．実際には，反磁界，磁化はそれぞれ $\boldsymbol{H}_d$，$\boldsymbol{M}$ というベクトルなので，反磁界係数はテンソル $\tilde{\boldsymbol{N}}$ で表さなければなりません．すなわち，

$$\mu_0 \boldsymbol{H}_d = -\tilde{\boldsymbol{N}} \boldsymbol{M} \tag{3.2}$$

成分で書き表すと

$$\mu_0 \begin{pmatrix} H_{dx} \\ H_{dy} \\ H_{dz} \end{pmatrix} = - \begin{pmatrix} N_x & 0 & 0 \\ 0 & N_y & 0 \\ 0 & 0 & N_z \end{pmatrix} \begin{pmatrix} M_x \\ M_y \\ M_z \end{pmatrix} \tag{3.3}$$

となります．任意の形の磁性体の反磁界係数を計算で求めるのは難しく，図 3.6 に示すような単純な形状についてのみ正確な数値が求められています．反磁界は磁性体の形と磁化の向きで異なるのです．

球形の磁性体の場合，どの方向にも 1/3 なので，反磁界は

$$\mu_0 H_{dx} = \mu_0 H_{dy} = \mu_0 H_{dz} = -\frac{M}{3} \tag{3.4}$$

となります．

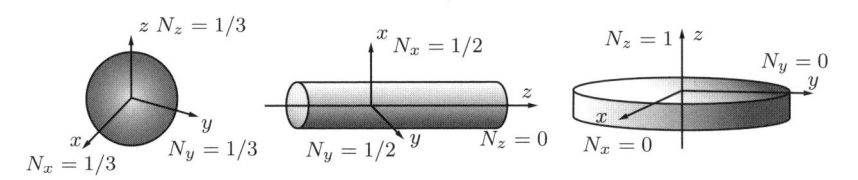

図 3.6 反磁界係数は磁性体の形と向きで異なる

[†] 単位系：SI 系 E-H 対応．

z 方向に無限に長い円柱だと，長手方向には反磁界が働きませんが，長手に垂直な方向の反磁界係数は 1/2 です．すなわち，円柱における反磁界は，

$$\mu_0 H_{dx} = -\frac{M_x}{2}, \quad \mu_0 H_{dy} = -\frac{M_y}{2}, \quad \mu_0 H_{dz} = 0 \tag{3.5}$$

となります．したがって棒状の磁性体では長手方向に磁化すると安定です．

z 方向に垂直方向に無限に広い薄膜の場合は面内方向には反磁界が働きませんが，面直方向には 1 となります．

$$\mu_0 H_{dx} = 0, \quad \mu_0 H_{dy} = 0, \quad \mu_0 H_{dz} = -M_z \tag{3.6}$$

したがって，磁性体薄膜では M_z 成分があると不安定になるので面内磁化になりやすいのです．最近のハードディスクは垂直記録方式を使っていますが，面直に磁化をもつためには記録媒体に使われる磁性体が強い垂直磁気異方性をもつことが必要です．

Q 3.4 反磁界があることは，どうやってわかるのですか？

A 3.4 磁性体の磁化曲線が図 3.7 の点線のように傾いていることから判断できます．

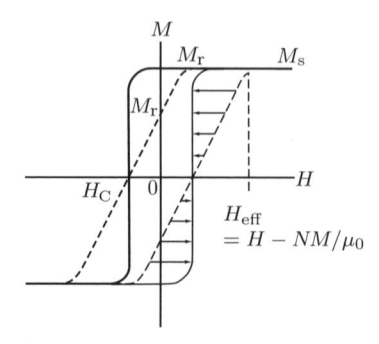

図 3.7 測定した磁化曲線は図の点線のように傾いているが，磁気モーメントに加わる実効磁界が外部磁界から反磁界の分だけ減少しているためで，適切な補正を行うと実線のようになる

磁性体に外部から磁界 H を加えたとき，実際に内部の磁化に加わっている磁界 H_{eff}（これを実効磁界と呼びます）は，外部磁界より反磁界 $H_d = NM/\mu_0$ だけ小さいため，磁化の立ち上がりの傾きが緩やかになっているのです．たとえば，垂直磁化をもつ広い円盤に垂直に磁界を加えた場合，磁化曲線は図の点線のように傾いていますが，反磁界の補正をすると実線のように立ってきます．

3.1.4 磁区に分かれるわけ

磁性体内部の原子磁石に注目すると，図 3.8 に示すように原子磁石の N は磁性体の N 極のほうを向き，S は磁性体の S 極のほうを向いているため静磁エネルギーを損しています．つまり，原子磁石は逆向きの磁界の中に置かれているので不安定なのです．

そこで，図 3.9 に示すように右向きの磁化をもつ領域と左向きの磁化をもつ領域とに縞状に分かれると，反磁界が打ち消しあって静磁エネルギーが低く

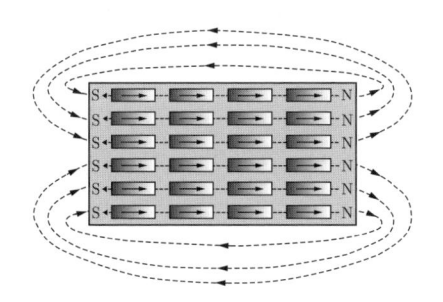

図 3.8　磁性体内部の原子磁石は反磁界を受けて静磁的に不安定

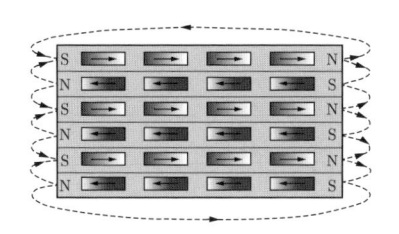

図 3.9　右向きの磁化をもつ領域と左向きの磁化をもつ領域とに縞状に分かれると反磁界は打ち消しあって安定になる

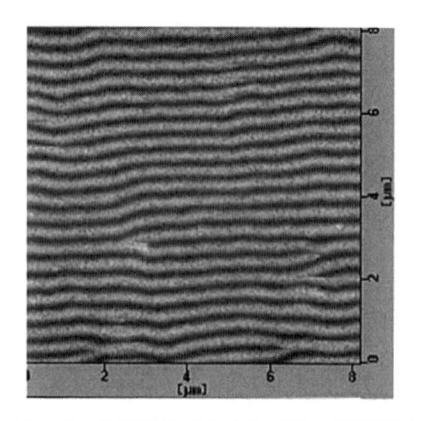

図 3.10　磁気力顕微鏡 (MFM) で見た縞状磁区の像

なって安定化します．これが磁区に分かれる理由です．

　図 3.9 のように縞状に分かれた磁区のことを縞状磁区 (stripe domain) といいます．図 3.10 は磁気力顕微鏡を使って観測した縞状磁区です．明るい部分と暗い部分の面積は等しいので，この磁性体の磁化はゼロになります．

Q 3.5　縞状磁区だと磁区と磁区の境目では磁化の向きが 180° 変わっています．境目では原子磁石同士が同じ向きに並ぼうとする働きはどうなっているのですか？

A 3.5　よい質問ですね．たしかに磁区に分かれると静磁エネルギーは得するのですが，原子磁石（磁気モーメント）をそろえようとする交換エネルギーを損します．だから，急に原子磁石の向きが 180° 変わることはなく，実際には数原子層にわたって徐々に回転していくのです．この遷移領域のこ

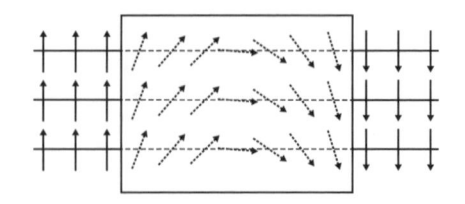

図 3.11　磁壁内では原子磁石が徐々に回転して隣り合う磁区の磁化をつなぐ

とを**磁壁**といいます．磁壁中での原子磁石の回転のしかたには，図 3.11 のように面内で回転する場合（ネール磁壁）と面に垂直な方向に回転する場合（ブロッホ磁壁）があります．

3.1.5 さまざまな磁区

環流磁区：磁性体には，磁気異方性と称して磁化が特定の結晶方位に向こうとする性質をもちます．立方晶の磁性体では $(1\,0\,0)$, $(0\,1\,0)$, $(0\,0\,1)$, $(\bar{1}\,0\,0)$, $(0\,\bar{1}\,0)$, $(0\,0\,\bar{1})$ の 6 つの方位が等価です．図 3.12 のように磁化が等価な方向を向き，磁束の流れが環流する構造をとると，磁極が外に現れず静磁的に安定になります．

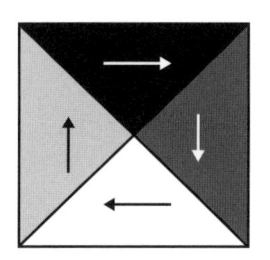

図 3.12 環流磁区構造

ボルテックス：磁気異方性の小さな磁性体では，あるサイズより小さな構造を作ると，図 3.13 に示すように渦巻き状の磁気構造をとります．これをボルテックスと呼びます．中心（コア）では，渦巻きの面に垂直上向き，または，下向きに磁気モーメントが向きます．

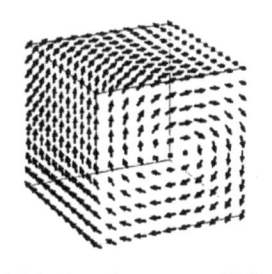

図 3.13 ボルテックス構造

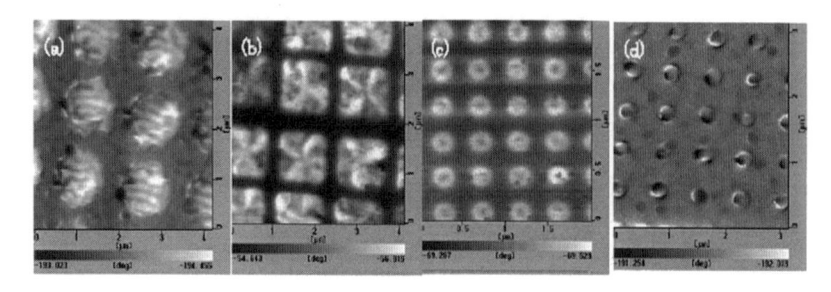

図 3.14 微細ドットの磁気構造 (a) 縞状磁区 (Co 円形ドット $1.2\,\mu\mathrm{m}\,\phi$), (b) 環流磁区 (パーマロイ正方ドット $1.2\,\mu\mathrm{m}$), (c) ボルテックス (パーマロイ円形ドット $300\,\mathrm{nm}\,\phi$), (d) 単磁区 (Co 円形ドット $100\,\mathrm{nm}\,\phi$)

図 3.14 は微小な磁性体で見られるさまざまな磁区構造の MFM 像です．(a) は縞状磁区，(b) は環流磁区，(c) はボルテックスです．(d) 直径 100 nm 以下になると，単磁区のほうが磁区に分かれるよりエネルギーが低いので単磁区になります．

3.2　磁性体を特徴づける磁気ヒステリシス

バルクの磁性体の磁化曲線は磁区を考えて初めて説明できます．しかし，単磁区磁性体のナノ粒子から構成された磁性薄膜の場合，磁区に分かれていなくてもヒステリシスが見られるのです．実際，ハードディスクには，単磁区ナノ粒子からなる磁気記録媒体が使われています．

実は，ヒステリシスのもとになっているのは**磁気異方性**なのです．特に最近のハードディスクは垂直磁気記録方式なので，垂直磁気異方性をもつ媒体材料が求められます．

第 1 章で，磁性体の「かたさ（磁化反転のしにくさ）」を表すのが**保磁力**で，保磁力が大きいと**ハード磁性体**，小さいと**ソフト磁性体**になると述べました．保磁力には磁気異方性が関わっているのですが，それだけでは説明できません．**磁壁の核発生**や，**磁壁移動のピン止め（ピニング）** などが関わっているのです．磁気記録媒体や永久磁石の開発では，磁気異方性の高い材料を探索するととも

に，核発生や磁壁移動を抑えるための技術的な工夫が行われています．

3.2 節では磁気異方性や保磁力の起源を解き明かす作業を通じて磁気ヒステリシスのナゾに迫ります．

3.2.1 磁気記録と磁気ヒステリシス

コンピュータのストレージやテレビの録画に用いられているハードディスクでは，磁気ディスクという円盤状の記録媒体上の磁性薄膜に情報が記録されます．

ハードディスクでは，どうやってこのような磁気のパターンを記録できるのでしょうか．それを説明するキーワードが磁気ヒステリシスです．

図 3.15 は，磁性体の磁化 M を磁界 H に対して描いた磁化曲線です．消磁状態 ($H=0$, $M=0$) に磁界 H を加え，増加したときの磁化 M の変化を初磁化曲線と呼びます．3.2.3 項にくわしく述べるように，磁化はこの曲線に沿って増加し，ついには飽和します．いったん飽和したあと，磁界を減じると元には戻らず，図の矢印で示すようなループを描きます．このように，外場をプラスからマイナスに変化させたときと，マイナスからプラスに変化させたときで径路が異なり，ループが生じる現象をヒステリシスといいます．ヒステリシスループがあると，磁界が 0 のときに正負 2 つの磁化状態をもちますから，この

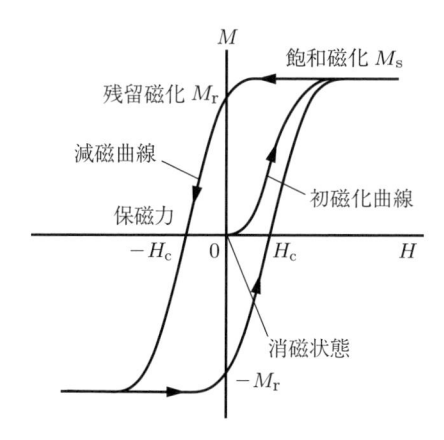

図 3.15 強磁性体の典型的な磁化曲線

2つの値を1と0に対応させれば不揮発性の磁気記録ができるのです.

3.2.2 磁性以外にもあるヒステリシス

ヒステリシスは強誘電体の電界 E と電気分極 P の間にも見られます. 図 3.16 は硫酸グリシン (TGS) という強誘電体の誘電ヒステリシスループです. ここでは電束密度 $D = \varepsilon_0 E + P$ を縦軸に, 電界 E を横軸にとってあります. 強誘電メモリ (FeRAM) は強誘電体の残留分極 P_r を用いて情報を記録しています.

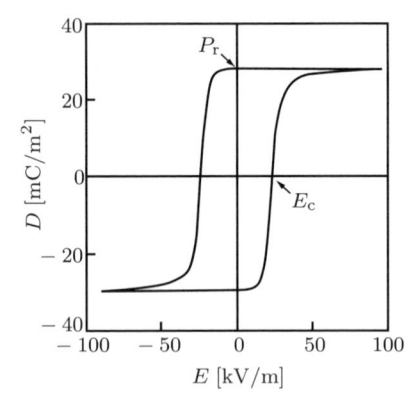

図 3.16 強誘電体硫酸グリシンの D-E ヒステリシス曲線 (佐藤勝昭編著:『応用物性』(オーム社, 1991) p. 134 による)

このように, 安定な2つの状態があって, 両者の間にはポテンシャルの障壁があり, 閾(しきい)値を超えないと応答しない系を双安定系といいます. このような系ではヒステリシスを示します.

ヒステリシス現象は, 機械系にも見られます. 図 3.17 のように2つの歯車がかみ合っているとき, 歯車1を左方向に回すときには歯車2はついてきますが, 逆に右方向に回そうとすると, バックラッシュの角度だけ回転しないと, 歯車2に回転が伝わりません. この場合も, 歯車1が歯車2の右の壁にくっついた状態と, 左の壁にくっついた状態という2つの安定状態があって, 応答にバックラッシュという閾値動作があるためにヒステリシスが生じます.

"hysteresis" の語源は, ギリシャ語で「遅れ」を表す言葉で, 外界の変化に

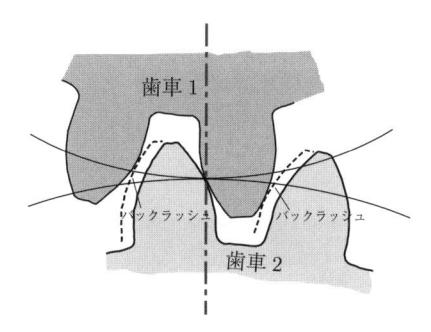

図 3.17　歯車もヒステリシスをもつ

対して応答が遅れることを意味しています．磁気ヒステリシスを磁気履歴ということがありますが，これは，hysteresis と history を混同した誤訳に基づくものだといわれています．

3.2.3　初磁化曲線と磁区[4]

図 3.18 は初磁化曲線を示したものです．図の A においては，3.1 節で紹介したように反磁界による静磁エネルギーを小さくしようとして磁区に分かれ全体の磁化がゼロになっています．これを磁気光学効果による磁区イメージで表したのが図 3.19 (a) です．

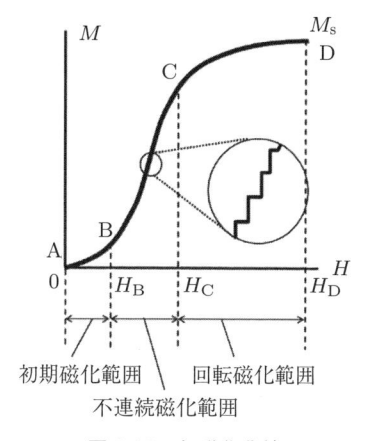

図 3.18　初磁化曲線

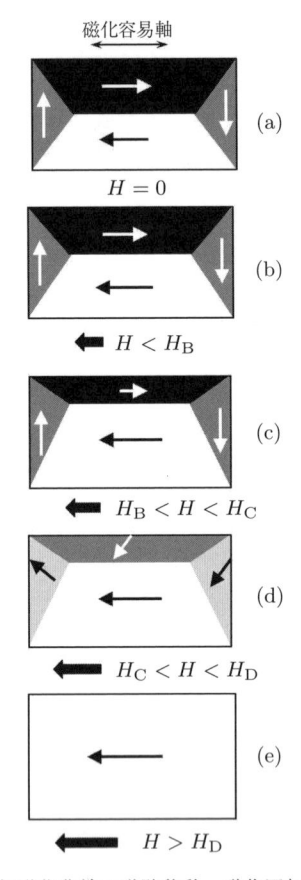

図 3.19　初磁化曲線の磁壁移動・磁化回転による説明

いま，磁化容易方向に磁界を加える場合を考えます．図 3.18 の初磁化曲線の B 点に相当する磁界 H_B より弱い磁界を加えた場合，磁化は磁界とともに緩やかに増加していきます．磁化曲線 A → B の変化（初磁化範囲）は可逆的で，磁界をゼロにすると磁化はゼロに戻ります．この振る舞いは，図 3.19 (b) に示すように磁壁（domain wall: 磁区と磁区の境界にある磁気モーメントの遷移領域）が動いて，磁界の方向の磁化をもつ磁区が広がる磁壁移動として説明できます．

H_B より大きな磁界を加えると，磁化曲線は急に立ち上がります．この領

域では，磁化は非可逆的に変化します．磁壁がポテンシャル障壁を越えて移動すると磁界を減じても元に戻れないのです．この領域（図 3.18 の B → C，図 3.19 (c)）を**不連続磁化範囲**といいます．磁化曲線 B → C を拡大すると多数の小さい段差（バルクハウゼンジャンプ）が見られます．

磁界が H_C を超えると，磁化の増加が緩やかになります．この領域では，図 3.19 (d) に示すように磁区内で磁化回転しているので，回転磁化範囲といいます．そして，ついには図 3.18 の D のように磁化は飽和します．これは，図 3.19 (e) に示すように単一磁区になったことに対応します．このときの磁化を**飽和磁化**と呼び，M_s と書きます．添字 s は飽和を意味する英語 (saturation) の頭文字です．

初磁化曲線をたどっていったん飽和したあと，磁界を取り去っても，図 3.15 に示すように磁化は 0 に戻りません．磁化は有限の値をもちます．このときの磁化を**残留磁化**といい，M_r と書きます．添字 r は残留磁化を表す英語 (remanence) の頭文字です．

Q 3.6 初磁化状態にあった磁性体をいったん飽和させると，磁界をゼロにしても元の状態に戻らないとありましたが，どうすれば元の状態に戻せるのですか？

A 3.6 交流消磁法によって戻すことができます．交流磁界を加え，その振幅を徐々に小さくしていくと図 3.20 のように，ヒステリシスループがスパイラル状に小さくなり，ついには初磁化状態に戻るのです．

ブラウン管式のカラーモニターでは，電子ビームのガイドであるシャドウマスクが地磁気の影響を受けて磁化し色むらが生じるので，これを防ぐために，スイッチオンの際に画面の周辺に巻いたコイルに数 ms で漸減する交流電流を流し消磁していました．

3.2.4 磁気異方性[1, 2, 3)]

磁性体が初磁化曲線や磁気ヒステリシス曲線のような不可逆な磁化過程を示す原因のうち最も重要なのは**磁気異方性** (magnetic anisotropy) です．強磁性

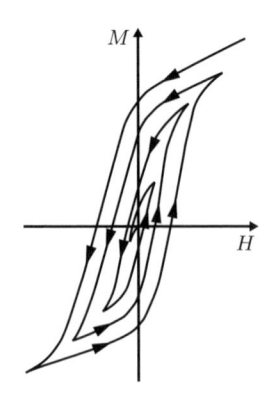

図 3.20 交流消磁の消磁過程

体は，その形状や結晶構造・原子配列に起因して，磁化されやすい方向（磁化容易方向）をもちます．これを磁気異方性と呼びます．

(a) 形状磁気異方性

3.1 節で，形状によって反磁界の大きさが変わることを示しました．針状結晶は長軸方向と短軸方向で反磁界が異なることによって，長軸方向が磁化容易方向になります．薄膜では面内方向には反磁界がありませんが，面直方向には大きな反磁界が働きます．このため，面内が磁化容易方向になります．

(b) 結晶磁気異方性

結晶において，特定結晶軸が磁化容易方向になる性質を結晶磁気異方性といいます．Co は六方晶なので，c 軸が容易軸となる一軸異方性を示します．一方，Fe は立方晶なので，誘電率や導電率については等方性ですが，磁化に関しては図 3.21 に示すように異方性をもち，$\langle 0\,0\,1 \rangle$ に磁界を加えると，わずかな磁界で飽和するので容易方向と呼び，$\langle 1\,1\,1 \rangle$ にはかなり強い磁界を加えないと飽和しないので困難方向と呼びます．この異方性の原因については Q 3.8 を参照してください．

磁化容易方向を向いている磁気モーメントを磁化困難方向に向けるのに必要なエネルギーのことを**異方性エネルギー**と呼びます．

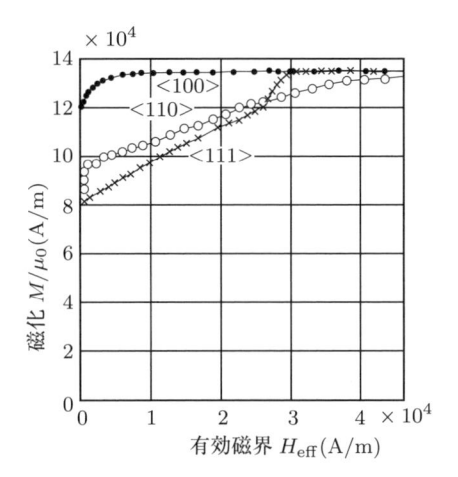

図 3.21 Fe の磁化曲線の結晶方位依存性（Kaya による．佐藤勝昭編著：『応用物性』p. 209）

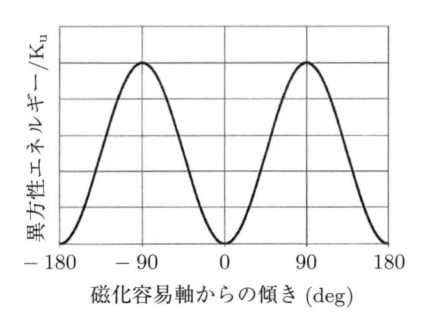

図 3.22 磁化容易軸からの傾きと磁気異方性エネルギーの関係

一軸異方性の磁性体に磁化容易方向から角度 θ だけ傾けて外部磁界を加えたときの異方性エネルギー E_u は，

$$E_\mathrm{u} = K_\mathrm{u} \sin^2 \theta \tag{3.7}$$

で与えられます．K_u は異方性定数で，単位は $[\mathrm{J/m^3}]$ です．異方性エネルギーを θ の関数として表したのが図 3.22 です．$K_\mathrm{u} > 0$ のとき，異方性エネルギーは $\theta = 0°, \pm 180°$（[1 0 0] 方向）のとき極小値を取り，$90°$，$-90°$（[1 1 0] 方向）で極大値をとります．

いま，磁化容易軸から磁界を小角度 $\Delta\theta$ だけ傾けたときの復元力を求めると $F = \partial E_\mathrm{u}/\partial \theta = K_\mathrm{u} \sin 2\Delta\theta \sim 2K_\mathrm{u}\Delta\theta$ となります．磁化 M_0 に対して磁化容易軸から $\Delta\theta$ だけ傾けた方向に磁界を印加して異方性と同じ復元力を与えるとき，この磁界 H_K を**異方性磁界**といいます．このときの力は

$$F = \frac{\partial E}{\partial \theta} = -\frac{\partial M_0 H_\mathrm{K} \cos \Delta\theta}{\partial \theta} = M_0 H_\mathrm{K} \sin \Delta\theta \sim M_0 H_\mathrm{K} \Delta\theta$$

となるので，両者を等しいと置いて

$$H_\mathrm{K} = \frac{2K_\mathrm{u}}{M_0} \tag{3.8}$$

が得られます．こうして，異方性磁界は異方性定数を飽和磁化で割って2倍したものだということが導かれました．

異方性磁界の実際の値はどれくらいでしょう．六方晶の Co の単磁区微粒子では，磁化容易方向の磁気異方性エネルギーは $K_\mathrm{u} = 4.53 \times 10^5$ [J/m^3]，磁化は $M_0 = 1.79$ [Wb/m^2] なので，$H_\mathrm{K} = 5.06 \times 10^5$ [A/m] となります．CGS-emu 単位系では 6.36 [kOe] です．

(c) 誘導磁気異方性

磁性体の成長時に誘導される磁気異方性です．磁界中で成膜する場合，基板結晶と格子不整合のある薄膜を成膜する場合，スパッタ成膜の際に特定の原子対が形成される場合などがあります．

たとえば，光磁気記録に用いるアモルファス希土類遷移金属合金薄膜（たとえば TbFeCo）は，垂直磁気異方性を示します．アモルファスは本来等方的なのに異方性が生じるのは，スパッタ時に面直方向に希土類の原子対が生じることが原因とされます．さらに，希土類を系統的に変えると軌道角運動量に対応して磁気異方性に変化が見られることから，単一原子の磁気異方性も重要な働きをしていると考えられます．

Q 3.7 結晶磁気異方性はなぜ起きるのですか？

A 3.7 スピン軌道相互作用があるためです．結晶磁気異方性があるということは，スピンが結晶の対称性を感じていることを意味します．そのメカニズムには，古典的な磁気双極子間に働く静磁的な相互作用と，スピン角運動量と軌道角運動量の間に働く量子的なスピン軌道相互作用のいずれかが考えられますが，多くの研究の結果，磁気双極子相互作用は実測値の 1/100 以下の大きさであり，磁気異方性発現の原因にはなり得ないことが明らかになっています[2]．

遷移金属の軌道磁気モーメントは消失しているとされていますが，実際にはわずかながら生きています．hcp 構造の Co について，XMCD（X線磁気円二色性）を使って求めた軌道磁気モーメントの実験値はおよそ $0.15\mu_B$ です．第 1 原理（近似や経験的なパラメータ等を含まない）バンド計算から求めた理論値はおよそ $0.08\mu_B$ で実験値の約半分となっていますが，軌道が生き残っていることを示しています．

第 1 原理計算で磁気異方性を求めることは大変むずかしいとされます．Ry（リードベリ $= 13.6\,\text{eV}$）単位のエネルギー固有値の差をとって μeV の異方性を求めなければならないからです．

垂直磁気記録材料として期待がかかる $L1_0$ 構造の FePt については，5 [MJ/m^3]，Fe 原子当たりにすると 0.8 [meV/Fe] という大きな磁気異方性が実験から得られています．第 1 原理計算から求めた理論値も 2.75 [meV/Fe] とやや大きい数値ながら傾向を説明できています．なお，hcp-Co で観測されている 4.1×10^5 [J/m^3]，原子当たりでは 45 [μeV/atom] という大きな磁気異方性を第 1 原理計算から説明する試みはうまくいっていないようです[5]．

Q 3.8 Feは立方晶で等方的なのに，図 3.21 の磁化曲線はなぜ結晶方位によって折れ曲がりかたが違うのですか？

A 3.8 磁壁移動のしかたが方位によって異なるのです[1]．[１ ０ ０] 方向に磁界を加えると，図 3.23 に示すように磁界方向に磁化を向けている磁区の体積が増加するように 180° 磁壁や 90° 磁壁が移動して，ついに単磁区になって飽和磁化状態になります．磁壁移動を妨げるエネルギー障壁がなければ，この磁壁移動は極めて弱い磁界で終了します．これが図 3.21 の [１ ０ ０] 方向の磁化曲線に対応します．

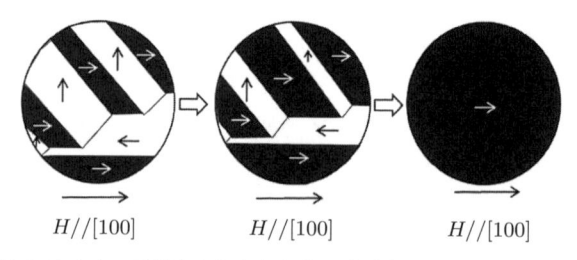

図 3.23 Fe[１ ０ ０] 方向に磁界を印加したときの磁壁移動と磁気飽和．弱い磁界で飽和磁化に達する

一方，磁界を [１ ０ ０] 方位から 45° に傾いた [１ １ ０] に加えた場合，図 3.24 のように [１ ０ ０] およびそれに垂直な [０ １ ０] 方向の磁化をもつ磁区は等価ですから，両磁区の体積を増加するよう磁壁が移動し，極めて弱い磁界によってこの 2 種類の磁区のみで埋められます．このときの H 方向の磁化成分は飽和磁化 M_s の $1/\sqrt{2} = 0.71$ です．磁界を増加すると磁化は縦軸から離れ磁化回転しながら飽和に向かいます．これが，図 3.21 の [１ １ ０] 方向の磁化曲線です．

磁界を [１ １ １] 方向に加えた場合，[１ ０ ０]，[０ １ ０]，[０ ０ １] の 3 方向の磁化をもつ磁区で埋められます．この場合の図は省略しますが，磁化が縦軸から離れ，磁化回転に移るのは $M_s/\sqrt{3}$ のところです．

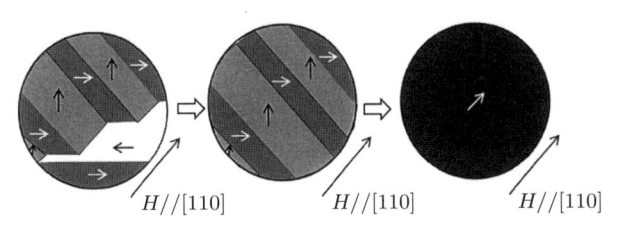

図3.24 Fe[1 1 0] 方向に磁界を印加したときは，磁壁移動によって [1 0 0] 磁区と [0 1 0] 磁区が埋め尽くし，磁化が $M_s/\sqrt{2}$ をとった後，磁化回転が起きて飽和磁化状態に達する

3.2.5 保磁力のなぞ[6]

残留磁化状態から逆方向に磁界を加えると，図 3.15 の第 2 象限のように，磁化は急激に減少します．これを**減磁曲線**といいます．減磁曲線が横軸と交わる（磁化が 0 になる）ときの磁界を**保磁力**といい，H_c と書きます．添字 c は保磁力を表す英語 (coercivity) の頭文字です．coercive とは強制的なという意味で，磁化をゼロにするために無理矢理加えなければならない磁界という意味です．

単純に考えると，大きな磁気異方性をもつ磁性体では異方性磁界 H_K が大きいので，保磁力 H_c も大きいと考えられるのですが，実際に観測される保磁力は磁気異方性から期待されるものよりかなり小さいのです．保磁力は作製法に依存する構造敏感な量で，その機構は現在に至るまで完全には解明されていないのです．ここでは保磁力についての考え方を紹介するにとどめます．

(a) 単磁区ナノ粒子集合体の保磁力

3.1 節で，ナノサイズの磁性微粒子では単磁区になっていると述べました．このような単磁区粒子の集合体の系を考えます．単磁区粒子では，磁壁移動がないので磁化過程は磁化回転のみによります．図 3.25 に示すように，材料内のすべての磁気モーメントが一斉に回転する場合の磁化過程を記述するのがストーナー・ウォルファースのモデルです．

この場合，磁化容易軸に反転磁界を加えたときの保磁力 H_c は 3.2.4 項の異方性磁界 H_K に等しいと考えられ，

$$H_c = \frac{2K_u}{M_0} \tag{3.9}$$

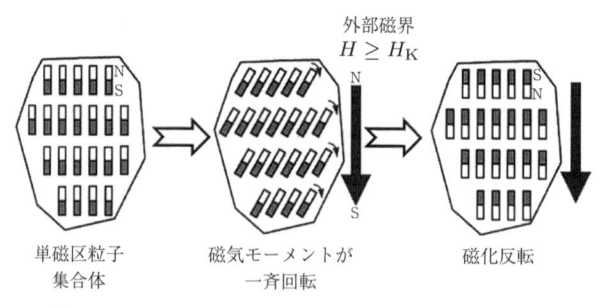

図 3.25 単磁区粒子集合体における反転機構の模式図

で与えられます．

(b) 磁壁の核発生がある場合の保磁力

異方性の大きな磁性体でも，いったん磁壁が導入されると，外部磁界で容易に動くことができ，磁化反転が起きやすくなります．図 3.26 にこの場合の磁区のようすを示します．反転核が発生する外部磁界は，理想的には異方性磁界 H_K に等しいはずですが，粒界の一部で異方性磁界が低下していたり，反磁界が局所的に大きくなっていたりすることで，H_c は H_K よりも小さくなっています．式で書くと，

$$H_c = \alpha H_K - NM_0 \tag{3.10}$$

ここに α は異方性磁界の局所的低下を表す因子 ($\alpha < 1$)，N は 3.1 節で述べた反磁界係数ですが，隣接する結晶粒からの影響も受けた値になっています．

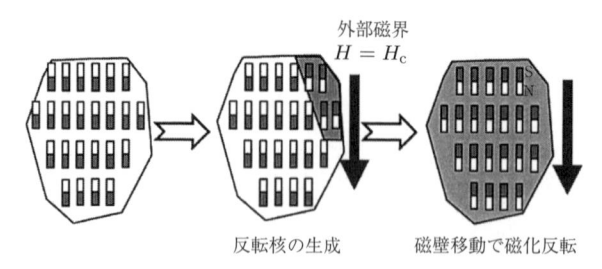

図 3.26 核生成型磁性体における反転機構の模式図

永久磁石材料にとっては磁壁の核発生をいかに抑えるかがキーになります．ネオジム磁石 (Nd-Fe-B) では，結晶粒界付近での反転核の発生を抑えるために，結晶粒間に異方性磁界の大きな Dy を拡散させて界面の異方性を高めて，核発生を抑えています．

(c) 磁壁移動を妨げるピニングサイトがある場合の保磁力

ピニングサイトがあると，図 3.27 に示すように，磁壁はそこにトラップされていますが，いったんそのサイトから脱出すると磁化反転が進行し，第2のピニングサイトまで磁壁が動き，トラップされて止まります．ピニングサイトと周りとで磁壁のエネルギーに差があることがトラップされる原因です．このエネルギーの差は異方性エネルギーの差であると考えられます．SmCo 磁石はこのタイプであるとされています．ピニングサイトは結晶粒界，格子欠陥や不純物などによってもたらされるため，材料作製プロセスに依存します．

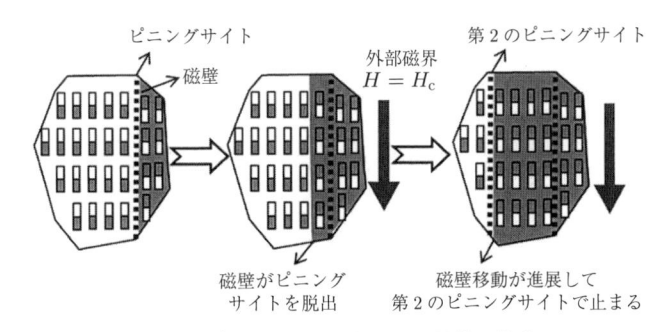

図 3.27 ピニング型磁性体の反転機構の模式図

3.2.6 残留磁化のなぞ

磁気ヒステリシスにおいて，飽和に達したのち磁界をゼロにしても残っている磁化を残留磁化ということは 3.2.1 項に述べました．飽和磁化に対する残留磁化の比を角形比と呼び，磁気記録においても永久磁石においてもこれが 1 に近いほどよいとされます．では，残留磁化状態とはどんな状態なのでしょうか．

磁気的に飽和した単磁区の状態から磁界を減じるときの磁区のようすを模式的に表したのが図 3.28 です．同図 (a) の単磁区状態は，磁極が生じ反磁界に

(a)	(b)	(c)
H	H	$H=0$

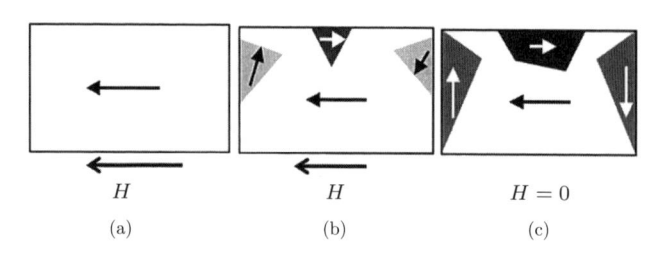

図 3.28 磁気飽和状態から磁界を減らしていくと，さまざまな磁化方向の磁区が核発生し，成長するが，もとの状態には戻れない

よって静磁エネルギーが高く不安定なのですが，外部磁界によって無理やり単磁区にされているのです．

したがって，外部磁界を減じると，反磁界を減じるさまざまな磁化方向の磁区が核発生しようとしますが，3.2.5 項に述べたように磁気異方性が強いと核発生が抑制されます．

いったん核ができると磁壁移動と磁化回転によって図 3.28 (b) のような状態になります．ここで，磁壁のピニングサイトがあると逆方向の磁区は十分に成長できず，磁界をゼロにしても図 3.28 (c) のような磁化は打ち消されないで残ると考えられます．これが残留磁化です．

第 3 章のまとめ

今回は，まぐねの国のふしぎである磁気ヒステリシスのナゾに迫りました．ヒステリシス現象は強誘電体の自発分極にも見られ，双安定な状態間の遷移に障壁があると生じる一般的な現象であることも学びました．

磁化曲線には，初磁化曲線，ヒステリシスループという非線形で非可逆な現象をともなっており，最も重要な物理量は磁気異方性ですが，磁壁移動のピニングも重要であるということを学びました．

磁性体を応用するには，磁気ヒステリシスにともなう保磁力，残留磁化などを制御しなければなりませんが，形状・サイズ・作製法・加工法などに依存する構造敏感な量であるため，現在に至るまで完全にはナゾが解けていないことも学びました．

磁区や磁壁の微視的な計測法が進み，理論的な解析法が開拓されれば，いつかこれらのナゾが完全に解明される日がくると信じています．この分野に参入された若い研究者たちに期待します．

参考文献

1. 近角聡信著：『強磁性体の物理（下）』，裳華房 (1984)
2. 志村史夫監修／小林久理眞著：『したしむ磁性』，朝倉書店 (1999)
3. 高梨弘毅著：『磁気工学入門――磁気の初歩と単位の理解のために――』（現代講座・磁気工学），共立出版 (2008)
4. 佐藤勝昭編著：『応用物性』，オーム社 (1991)，第 5 章（高橋研執筆部分）
5. P. M. Oppeneer: *Handbook of Magnetic Materials Vol. 13* (ed. K. H. J. Buschow), North-Holland, Chap. 3 (2001)
6. 西内武司：ハード磁性材料（永久磁石の基礎と応用），第 31 回 MSJ サマースクール「応用磁気の基礎」テキスト，日本磁気学会 (2007)

第4章
まぐねの国の新しい街

　まぐねの国の探訪，第2章ではミクロの街，第3章ではマクロの街を訪れ，まぐね国のふしぎを解き明かしてきました．この章では，エレクトロニクスの国との国境にあるスピントロニクスの街，光の国との国境にある磁気光学の街，電波の国との境にある磁気共鳴の街など，まぐねの国の周辺にある新しい街を訪れます．そこには，私たちの暮らしにつながるトピックスがいっぱいあるのです．新しい街では，耳なれない言葉に出会いますが，少しがまんしておつきあいください．

4.1　スピントロニクスの街

　この街の住民は，エレクトロニクス国とまぐね国の2重国籍をもっていて，「電荷」と「スピン」という2つの顔をもって暮らしています．このため，電荷の動きによる電気伝導現象とスピンのもつ磁性とが絡み合って「スピントロニクス」という新しい概念をつくりあげました．この街では，巨大磁気抵抗効果 (GMR)，トンネル磁気抵抗効果 (TMR)，スピントランスファートルクなど，磁気だけを考えてきたこれまでの街にはない新しい事象が見つかりました．また，これらの新しい事象を用いたデバイスが育ちはじめています．
　「スピントロニクス」の街が生み出した巨大磁気抵抗 (GMR) 素子の登場によって，それまで磁気の読み出しにコイルを使っていたハードディスク (HDD) は一気に高密度になりました．この結果，まぐねの国の特産物であった磁気テープはほとんど姿を消しました．また，この街から新しい不揮発性メモリ (MRAM) という特産物も生み出されました．では，この街を歩くためのガイドブックを提供しましょう．一部，初学者にはむずかしいところがありますが，話の流れだけつかんで頂ければよいかと思います．

4.1.1 巨大磁気抵抗効果 GMR ってなに？

(a) まぐねの国にナノテクノロジーがやってきた

江崎によって拓かれた半導体超格子をはじめとするナノテクノロジーは，半導体における2次元電子ガス，量子閉じこめ，バンド構造の変調など半導体ナノサイエンスを切り拓き，HEMT，MQW レーザなど新しい応用分野を拓きました．

しかし，まぐねの国にナノテクノロジーはなかなか進出してきませんでした．どうしてでしょうか？ 半導体においては，電子を波として見たときの波長が数十 nm のオーダなので，比較的大きなサイズの構造でも量子サイズ効果が現れましたが，磁性体の 3d 電子は nm 程度の広がりしかもたないため，当時の成膜技術や加工技術では，顕著な効果が現れなかったのです．まぐねの国にナノテクノロジーがやってきたのは，nm 以下の精密な制御が可能になった 80 年代半ばになってからでした．

グリュンベルグらは，ブリルアン散乱という光技術を使って Fe/Cr/Fe からなる3層膜の研究を行い，1986 年に，Cr を介して2つの Fe の層のスピン磁気モーメントが互いに逆方向を向く，すなわち，Fe 層間に反強磁性結合が存在することを見いだしました．その際，スピンが平行と反平行では電気抵抗に差があることを報告しました[1]．

(b) 巨大磁気抵抗効果 (GMR) の発見

上に述べた実験結果を知ったフェールらは，磁界を印加して反平行スピンを平行にしてやれば電気抵抗が低下するはずだと確信し，Fe/Cr 人工格子を作製し，磁界 H を加えたときの電気抵抗 $R(H)$ と磁界のないときの電気抵抗 $R(0)$ の比を測定したところ，図 4.1 に示すように，50% に及ぶ大きな抵抗変化を発見し，巨大磁気抵抗効果 (GMR) と名付けました[2]．1988 年のことです．同じ時期，グリュンベルグのグループも Fe/Cr/Fe の3層膜で磁界印加による電気抵抗の低下を発見しましたが，その大きさは 1.5% という小さなものでした[3]．

この後，同様の GMR は，Co/Cu のほか多くの磁性／非磁性金属人工格子，グラニュラー薄膜などで発見されました．

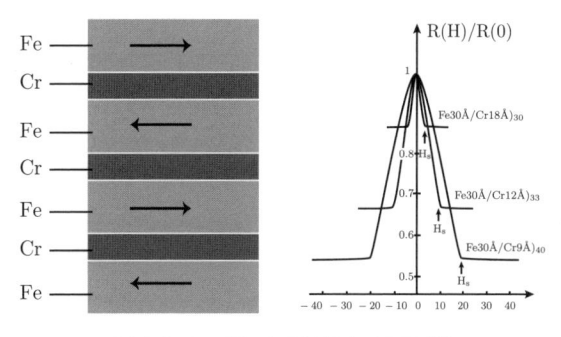

図 4.1　Fe/Cr 人工格子と GMR[13)]

GMR が発見される前から，磁性体の電気抵抗が磁化と電流の相対角に依存する異方性磁気抵抗効果 (AMR) の存在が知られていましたが，AMR の抵抗変化は 1% に満たない極めて小さなものでした．GMR が AMR と異なる点は，(1) 磁気抵抗比が桁違いに大きい，(2) 抵抗測定の際の電流と磁界の相対角度に依存しない，(3) 抵抗は常に磁界とともに減少する，という 3 点です．

(c) GMR の起源

磁性／非磁性金属人工格子における GMR の起源を説明する方法として，「2 流体電流モデル」を使います．このモデルでは，「↑スピン電子の流れと↓スピン電子の流れを考え，2 つの流れが別々に伝導に寄与し，スピンの向きを変えるような散乱はなく，2 つの伝導径路で散乱確率が異なる」と考えるのです[7)]．

いま図 4.2 に示すような強磁性体 (F) と非磁性体 (N) の人工格子において，層に垂直に流れる電気伝導を考えます．この配置の GMR を CPP（current perpendicular to plane, 面直電流型）-GMR といいます．(a) のように磁性層どうしが強磁性に結合した系では，すべての層の磁気モーメントが平行なので，F1 における多数スピン（白丸:↑スピン）電子は散乱を伴うことなしに F2 層，F3 層を通過できますが，F1 の磁化と反平行な少数スピン（灰色:↓スピン）電子は F2 層，F3 層で強い散乱を受け，平均自由行程が短く，抵抗率が高くなります．多数スピン電子の電流経路と少数スピン電子の電流経路は並列結合になっているので，全体としての抵抗 r_P は抵抗の低い径路で決まり，低抵

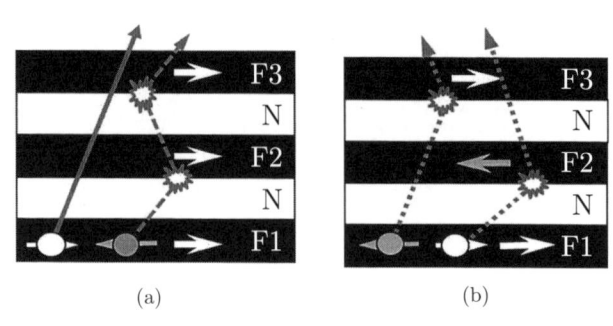

図 4.2 CPP-GMR の説明図 (a) 強磁性層の磁化がすべて平行の場合 (b) 隣り合う強磁性層の磁化が反平行の場合．

抗率となるのです．

これに対して，(b) のように層間が反強磁性に結合した系では，F1 における多数スピン電子（灰色）は F2 層で散乱され，少数スピン電子（白色）は F3 層で散乱され，どちらの経路も弱い散乱と強い散乱を交互に受けるので，全体の抵抗 r_{AP} は高くなります．

したがって，はじめ (b) の反平行配置であった人工格子に磁界をかけて (a) の平行配置にすると抵抗が下がるのです．

(d) 保磁力の違いを用いた GMR

新庄らは，層間に反強磁性結合がなくても，保磁力の差によって反平行磁化状態がつくりだせれば大きな MR 比が得られることに着目し，図 4.3 に示すようなソフト磁性体／非磁性体／ハード磁性体人工格子 ([Co(30Å)/

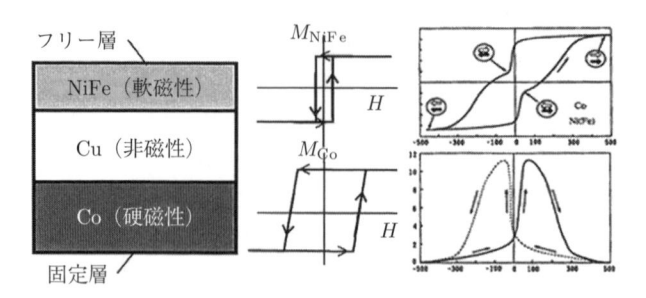

図 4.3 保磁力の違いを用いた非結合型 GMR

Cu(50 Å)/NiFe(30 Å)/Cu(50 Å)] × 15) において室温で 9.9% の GMR を報告し，非結合型 GMR と名付けました[4]．

(e) スピンバルブ：GMR を実用レベルに高めた技術

IBM は GMR をハードディスクの読み出し用磁気ヘッドとして実用化することを目ざし，反強磁性体による交換バイアスを使った GMR 素子を開発，「スピンバルブ」と名付けました[5]．これを機会に，反強磁性体がにわかに応用技術者の注目を集めることとなりました．

それまで，反強磁性体は自発磁化をもたないので，反強磁性を積極的にデバイスに応用するという発想はなく，化合物，金属，合金などのさまざまな物質において，その磁気構造や磁気物性が基礎的な興味から研究されるだけの地味な存在でした．

スピンバルブの構造を模式的に描いたのが図 4.4 (a) です．図に示すように，非磁性体を 2 つのソフト磁性体電極ではさんだ構造をとります．電極の一方は，

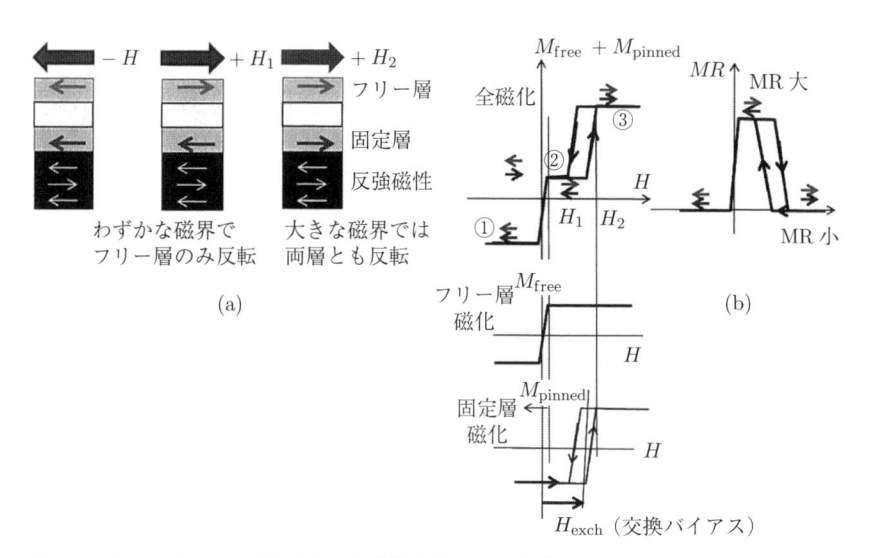

図 4.4 (a) スピンバルブ構造と (b) 磁化曲線・MR 曲線
固定層のヒステリシスの中心が H_{exch} だけシフトしているので弱い磁界でフリー層のみ反転し MR の大きな変化をもたらす

外部磁界で容易に磁化方向を変えることができるフリー層，もう一方は，外部磁界を加えても弱い磁界では反転しない固定層とします．

　下側のソフト磁性体を固定層にするために，図に黒く描かれた反強磁性体が使われます．固定層と反強磁性層の界面にはスピンをそろえようとする交換結合が働いて，ソフト磁性体のヒステリシスの横軸がシフトし，磁界の小さなところで急峻に立ち上がる磁気抵抗特性が得られたのです．

　図 4.4 (b) の左下にフリー層の磁化曲線と固定層の磁化曲線が別々に描いてあります．フリー層の磁化曲線の中心は磁界ゼロにありますが，固定層の磁化曲線の中心は H_{exch}（交換バイアス）だけゼロからずれたところにあります．この交換バイアスを与えているのが，図 4.4 (a) で黒く描いた反強磁性体の働きなのです．2 つの層の磁化をあわせた磁化曲線は，同図 (b) の左上のようになります．フリー層と固定層の磁化は，領域 ① では平行，領域 ② では反平行，領域 ③ では再び平行になります．磁気抵抗効果 MR は同図 (b) の右に示すように領域 ② で大きく，領域 ①，③ で小さいのですが，固定層の磁化曲線のシフトのおかげで，ゼロ磁界の付近で MR が急峻に立ち上がり，感度のよいセンサーになっています．これがスピンバルブの原理です．

　強磁性体と反強磁性体の交換結合によってヒステリシスループがずれる現象は，ずっと以前に発見されていました．図 4.5 に示すのは部分的に酸化された Co の微粒子に見られるヒステリシスループのずれで，その原因は，強磁性の Co と反強磁性の CoO の間に働く交換結合によって説明されました[6]．

　このことは近角の『強磁性体の物理（下）』[7]にも出ており，その中に「もしこのように＋－の向きに対して非対称な磁性が室温で実現されるようになれば，磁化を常に一方向に向けることができ，応用上にも重要な意味をもつであろう」と予言されており，いまさらながら著者の慧眼に感心させられます．また，このような古い実験結果をデバイスに適用した IBM の底力にも敬意を表します．

Q 4.1　交換バイアスの大きさはどのようにして決まるのですか？

A 4.1　結論から先に言うと，交換バイアスを定量的に説明するモデルはまだ得られていません．図 4.6 は交換バイアス構造における理想界面です[8]．反

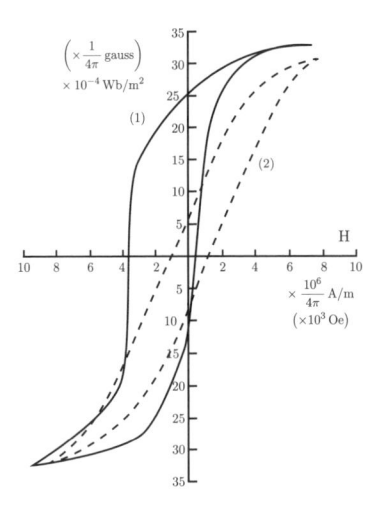

図 4.5 部分的に酸化された Co 微粒子 (10–100 nm) の 77 K におけるヒステリシスループ．曲線 (1) は 10 kOe の磁界中で冷却後測定したもの，点線 (2) は磁界を印加せずに冷却したもの[6]．

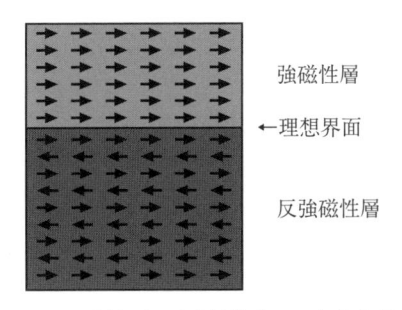

図 4.6 強磁性／反強磁性接合の理想的な界面

強磁性側の界面のスピンは打ち消されることなく強磁性層側のスピンと強磁性的に並びます．この構造で計算した界面の交換結合のエネルギーは実際に観測されるものより 2 桁も大きいのです．言い換えれば，実際の界面では何らかの理由で交換結合が弱くなっているのです．この原因として，実際の界面では，図 4.7 に示すように界面の乱れ，結晶粒界，転位など結晶性の乱れが存在し，界面エネルギーが低下しているものと考えられていますが，今後の研究課題です．

図 4.7 強磁性／反強磁性界面の実際

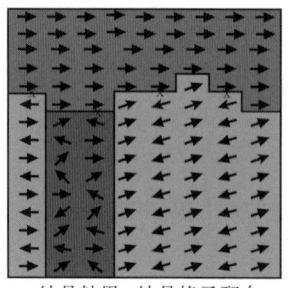

4.1.2 トンネル磁気抵抗効果 (TMR)

　トンネル効果とは，非常に薄い絶縁体層を 2 つの金属電極ではさんだトンネル接合において，電子が絶縁体のもつポテンシャル障壁を通り抜けるという量子的な現象です．ここで，金属電極として Fe のような強磁性体を用いると，トンネル電流は，2 つの強磁性電極のスピンが平行であれば流れやすいが，反平行なら流れにくいという性質を示します．磁界を印加して反平行のスピンを平行にしてやれば，抵抗が下がります．この現象をトンネル磁気抵抗効果 (TMR) と呼びます．

(a)　TMR の歴史は古い

　TMR の研究の歴史は古く，1970 年代にさかのぼります．マサベイらはさまざまな磁性体と超伝導体のトンネル接合においてトンネル伝導現象を測定し，磁性体の界面における電子のスピン偏極を明らかにしました[9]．ジュリエールらは，Fe/GeO/Fe 接合において，極低温 (4.2 K) で 14% に上る MR 比を報告し，2 流体モデルを使って理論的に説明しました[10]．前川らは，超伝導体を介した磁性層間のトンネルについて先駆的な研究を行っています[11]．しかし，当時の研究では，トンネル障壁層の制御が難しく，室温で再現性よく使える TMR 素子は得られませんでした．

(b) 成膜技術の進歩が室温でのTMRをもたらした

1995年,宮崎らは,成膜技術を改良して,平坦でピンホールの少ない良質のAl-O絶縁層の作製に成功した結果,室温において18%に達する大きなMR比が得られ,世界的に注目を集めました[12]。

図4.8は,絶縁層として酸化アルミニウムAl_2O_3を用い,強磁性体として鉄(Fe)を用いたトンネル接合における(a)磁気抵抗曲線と(b)磁化曲線を示しています.同図(b)に見られる段差のある磁化曲線は,異なる保磁力をもつ2つの強磁性電極の磁化曲線が重なっていることを表しています.磁界が15〜50 Oeの間では,2つの強磁性電極の磁化が反平行になり,これに対応して電気抵抗が大きく増大しているようすが同図(a)に示されています.TMRはこの発見を機にMRAM(磁気ランダムアクセスメモリー)および高感度磁気ヘッドへと応用が展開しました.

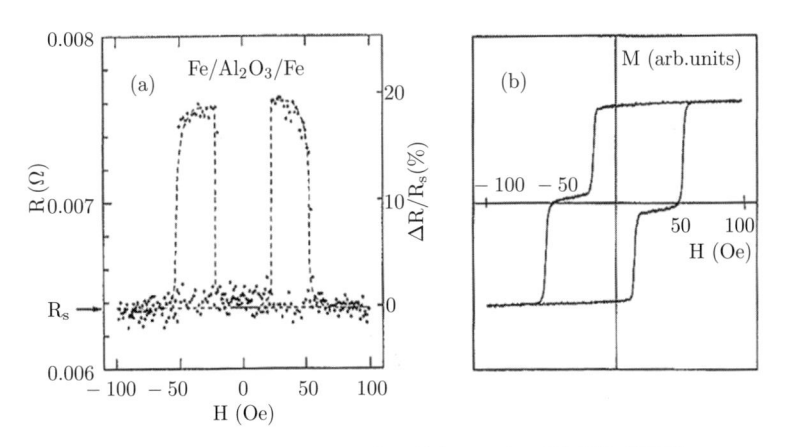

図4.8 Fe/Al_2O_3/Feトンネル接合における磁気抵抗効果[12]
(a) トンネル電気抵抗の磁界依存性,(b) 対応する磁化曲線

(c) TMRはなぜ起きる?——ジュリエールモデル——

ジュリエールは,図4.9の左図のような磁気トンネル接合(MTJ)において,強磁性電極1から絶縁層を介して強磁性電極2へトンネルするときの導電率を,スピン偏極バンド構造を用いた2流体電流モデルを使って説明しました.

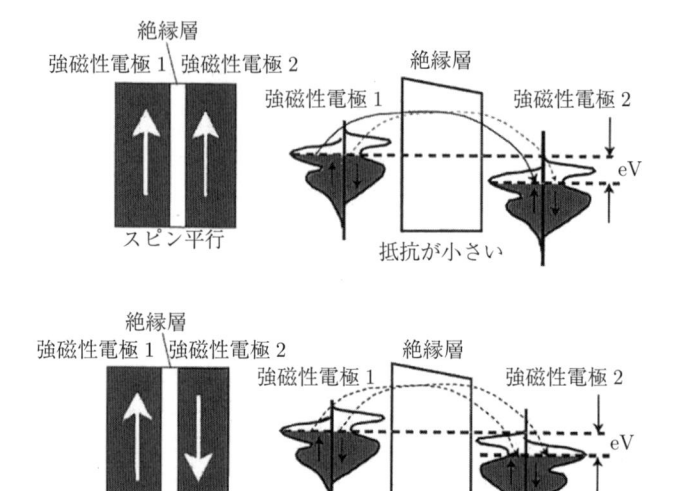

図 4.9　スピン依存トンネル伝導のバンドモデルによる説明

　ジュリエールは，絶縁層のポテンシャル障壁の電子が透過する確率は一定値 T であると仮定し，両電極のフェルミ準位におけるスピン偏極状態密度でトンネル伝導率が決まると考えました．多数スピンバンドのフェルミ面における状態密度を $N_\uparrow$，少数スピンバンドのフェルミ面における状態密度を $N_\downarrow$ とすると，2つの強磁性電極の磁化が平行な場合のトンネル伝導率は，

$$\sigma_\mathrm{P} \propto T\left(\frac{e^2}{h}\right)(N_{1\uparrow}N_{2\uparrow} + N_{1\downarrow}N_{2\downarrow}) \tag{4.1}$$

2つの強磁性電極の磁化が反平行な場合のトンネル伝導率は，

$$\sigma_\mathrm{AP} \propto T\left(\frac{e^2}{h}\right)(N_{1\uparrow}N_{2\downarrow} + N_{1\downarrow}N_{2\uparrow}) \tag{4.2}$$

と表すことができるとしました．この結果 TMR 比は，両電極のスピン偏極度にのみ依存し，

$$\mathrm{TMR}\,比 = \frac{R_\mathrm{AP} - R_\mathrm{P}}{R_\mathrm{P}} = \frac{\sigma_\mathrm{P} - \sigma_\mathrm{AP}}{\sigma_\mathrm{AP}} = \frac{2P_1P_2}{1 - P_1P_2} \tag{4.3}$$

で与えられます．ここに強磁性電極 1 および強磁性電極 2 のスピン偏極度 P_1，P_2 は

$$P_1 = \frac{N_{1\uparrow} - N_{1\downarrow}}{N_{1\uparrow} + N_{1\downarrow}}$$

および

$$P_2 = \frac{N_{2\uparrow} - N_{2\downarrow}}{N_{2\uparrow} + N_{2\downarrow}}$$

で与えられます．

スピン偏極度 P_1 および P_2 の評価は大変むずかしく，現在のところ，超伝導体との接合を作ってそのアンドレエフ反射を測定することによって推定する方法が最も信頼性が高いとされています．よく知られた強磁性金属では，その P は 50% 程度であり，TMR は 70% 程度と見積もられます．

Q 4.2 アンドレエフ反射とは何ですか．アンドレエフ反射からスピン偏極度を見積もるにはどうするのですか？

A 4.2 アンドレエフ反射とは磁性体と超伝導体との接合界面で起きる特異な伝導現象です．以下には，点接触アンドレエフ反射法 (PCAR) でスピン偏極度の評価を行っている高橋らの解説に基づいて紹介します[13]）．

図 4.10 (a) には，常磁性金属 ($P = 0$) と超伝導体の状態密度曲線を，同図 (b) にはハーフメタル ($P = 1$) と超伝導体の状態密度曲線を示します．同図 (c) は接合のコンダクタンス G をバイアス電圧 V に対して描いた曲線で，破線は (a) 常磁性体 ($P = 0$) の場合，実線は (b) ハーフメタルの場合 ($P = 1$) です．

超伝導ギャップより小さなバイアス ($|V| < \Delta$) を加えたときの常伝導―超伝導コンダクタンス G は，クーパー対を作るために互いに逆向きのスピンをもつ 2 つの電子が超伝導体に入射し伝導に寄与するので，ギャップを超えるバイアス ($|V| \geq \Delta$) で起こる常伝導―常伝導コンダクタンス G_0 の 2 倍となります．この結果，常伝導体が常磁性体の場合，あるスピンの電子が超伝導体に入射すると，クーパー対を作るために逆向

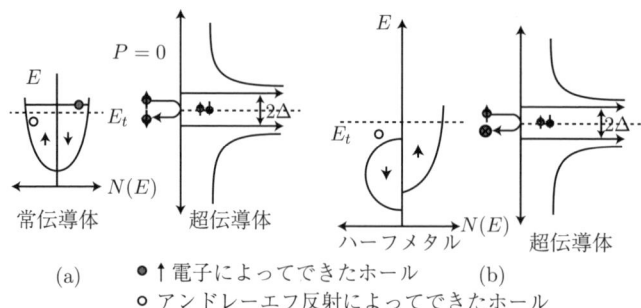

図 4.10 アンドレーフ反射とスピン偏極コンダクタンスのバイアス依存性

きスピンの電子が使われ，金属にはホールが戻されます．この現象をアンドレエフ反射と呼ぶのです．

常伝導体としてスピン偏極度 100% ($P = 1$) のハーフメタルを用いた場合は，図 4.10 (b) のようにフェルミ準位において，↑スピンのみが存在し，↓スピンの状態がまったく存在しないために，クーパー対が形成されず，ゼロバイアス状態ではハーフメタルから超伝導に電子が流れることができません．その結果，図 4.10 (c) の実線に示すように，$|V| < \Delta$ においてコンダクタンスは 0 となります．磁性体のスピン偏極による $|V| < \Delta$ でのコンダクタンスの変化を利用して磁性体のスピン偏極度を測定する方法が，アンドレエフ反射法です[14]．

アンドレエフ反射を観測するためには，伝導は弾道的でなければなりません．そのためには，電子の平均自由行程（数十 nm 程度）よりも小

さい直径の点接触が必要となります．実際には超伝導体 Nb の針を磁性体に押し当て，酸化物層を破ることで弾道的伝導を達成しています．スピン偏極度は現実的な界面状態を考慮に入れた拡張 BTK モデル[15]で計算して，実験データを最もよく再現するようにして求めます．

(d)　MgO 単結晶バリアの採用で TMR 革命が起きた

2001 年，バトラーら[16] およびメーソンら[17] は，トンネル障壁層として単結晶 MgO を用いれば 1000% という巨大 TMR 比が生じるであろうと理論的に予測しました．

これを受けて多くの研究機関で実証実験が行われました．ついに，2004 年，TMR は革命的なブレークスルーを迎えます．湯浅ら[18]，およびパーキンら[19] は，独立に，それまで用いられてきたアモルファス Al-O に代えて MgO 単結晶層をトンネル障壁に用いることで，200% に及ぶ大きな TMR 比が出現することを実証しました．

その後も TMR は図 4.11 のように伸び続け，最近では 600% に達しています[20]．現在，市場に出ているハードディスクの読み出しヘッドはすべて MgO 障壁の TMR 素子を用いています．

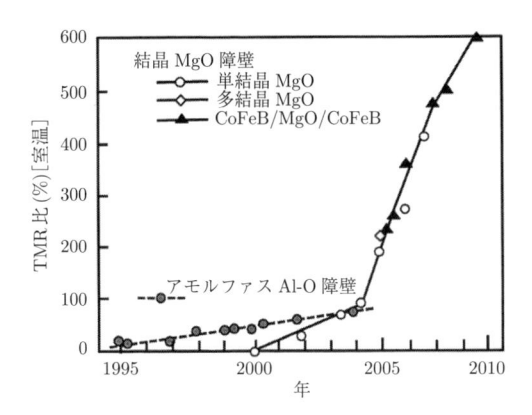

図 4.11　室温における TMR 比の変遷．2004 年 MgO 障壁の登場で革命を迎えた

Q
4.3
Al₂O₃ を MgO に変えただけなのになぜそんなに大きな革新が起きたのですか？

A
4.3
アモルファスでは波数の保存が起きませんが，結晶だと波数が保存されトンネルの際のスピン選択性が明確になるのです．

　Al₂O₃ は非晶質（アモルファス）です．電子が図 4.12 (a) のように非晶質をトンネルするときには散漫散乱を受け，波数（運動量）は保存されません．これに対して (b) に示す結晶性の MgO では散乱が起きず，コヒーレントに（位相をそろえて）トンネルすることができます．

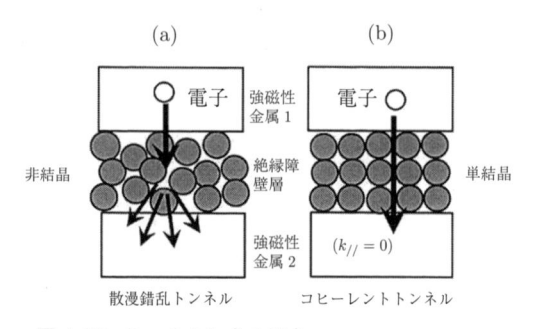

図 4.12　2 つのトンネル現象
(a) 散漫散乱トンネル，(b) コヒーレントトンネル

　図 4.13 は Fe のバンドの z 方向の分散曲線です．Fe/MgO(0 0 1)/Fe では Fe の (0 0 1) 方向の sp 電子（Δ_1 バンド）がトンネルに寄与しますが，フェルミ面のところで見ると，多数スピンバンドには Δ_1 バンドが存在しますが，少数スピンバンドには Δ_1 バンドが存在しません．したがって，磁化が平行のときはトンネルできますが，反平行のときはトンネルできないので，巨大 TMR が理論的に予測されたのです．

(e) TMR を用いた不揮発性メモリ MRAM の登場

　図 4.14 は不揮発性磁気ランダムアクセスメモリ (MRAM) の構造を模式的に書いたものです．

　記録の方法：MRAM ではビット線，ワード線の 2 つの線に電流を流して，

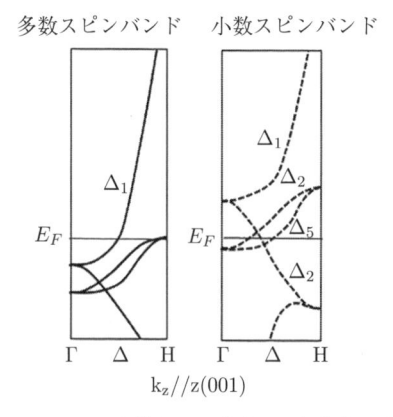

図 4.13　Fe のバンド構造の $k \parallel (0\ 0\ 1)$ 方向の分散曲線

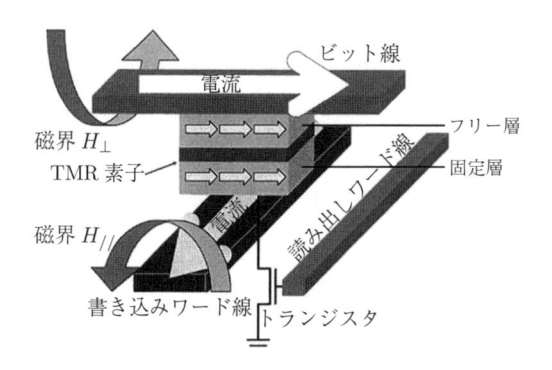

図 4.14　MRAM の模式図

その電流がつくる磁界を利用してフリー層の磁化を反転させますが，ワード線に流す電流が作る磁界は TMR 素子の磁化容易方向，ビット線の磁界は磁化困難方向に印加されます．合成した磁界が臨界磁界を超えれば磁化反転が起きるのです．

このときの臨界磁界を決めるのが，図 4.15 に示す臨界磁界曲線（アステロイド曲線）です．横軸は磁界の磁化容易方向の成分 $H_\parallel$，縦軸は磁化困難方向の成分 $H_\perp$ です．この曲線は，

$$H_\parallel^{\frac{2}{3}} + H_\perp^{\frac{2}{3}} = H_K^{\frac{2}{3}} \tag{4.4}$$

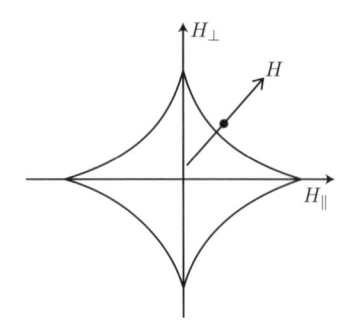

図 4.15　磁化反転の臨界磁界曲線

で表されます．

　この式は，単磁区構造の磁性体において磁化反転が磁化回転によって起きるとして導かれます．印加磁界 H がこの曲線で囲まれた領域の内部であれば磁化は安定ですが，H と曲線の交点（黒丸）では磁化が不安定になり，磁化反転が起きます．

　読み出しの方法：トンネル磁気抵抗効果 (TMR) は，MRAM に記録された磁気情報を読み出すときに使われます．図 4.16 (a) のように TMR 素子のフリー層と固定層の磁化が平行だと抵抗が低いので，読み出しのトランジスタのゲートを開けたときに電流が流れますが，(b) のように反平行だと抵抗が高いので，ゲートを開けたときに電流が流れません．これによって，1 か 0 かを判断するのです．

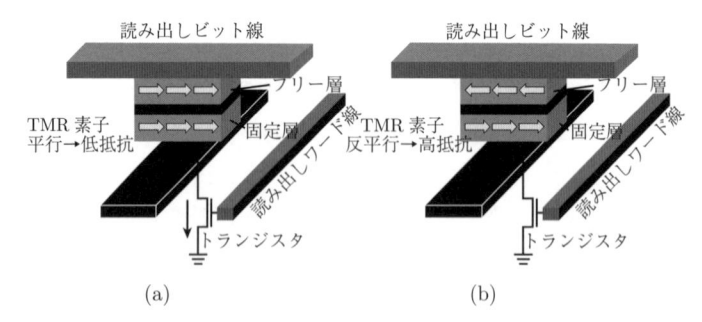

図 4.16　MRAM の読み出しフリー層と固定層の磁化が (a) 平行 (b) 反平行

4.1.3 「スピントランスファートルク」がMRAMを変える

磁性体から電子が流れだすとき，その電子はスピン偏極しています．スピンは角運動量ですから，これをもう一つの磁性体の磁気モーメントに移してやれば，それを回転させることができます．

(a) スピン注入磁化反転の提案と実現

1996年，新たなスピントロニクスの概念であるスピン注入磁化反転のアイデアが理論的にスロンチェスキー[21]およびベルジェ[22]らによって提案されました．

図4.17に示すように，強磁性電極FM_1からスピン偏極した電子を，傾いた磁化をもつ対極強磁性電極FM_2に注入すると，注入された電子のスピンはFM_2の向きと平行になるよう傾けられますが，その反作用として，電子のスピン角運動量が対極電極の磁化を傾けるようなトルク（これをスピントランスファートルクと呼びます）が働き，それがきっかけで磁化反転をもたらすというのです（Q 4.6を参照）．

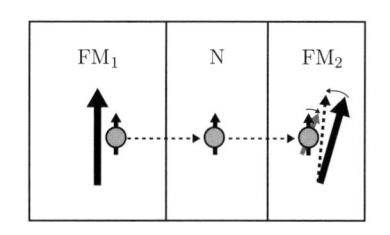

図4.17 スピン偏極した電子が対極の磁化FM_2の方向に傾けられるとき，そのトルクをFM_2に渡す

提案を受けて，欧米で多くの研究者がこの効果の実現に取り組み，2000年になって，マイヤースらは，実験的にこれを確認しました[23]．しかし，このとき必要とされた電流密度は10^8 A/cm^{2}を超え，デバイスに用いられるレベルではありませんでした．

(b) スピン注入磁化反転の実際例[24]

スピン注入磁化反転を実現するための素子は図 4.18 (a) のような非常に小さな断面 (60 nm × 130 nm) をもつ柱状の素子です。素子は強磁性層 (Co) 2 層とそれを隔てる非磁性層 (Cu) からなる CPP-GMR 構造です[25]。

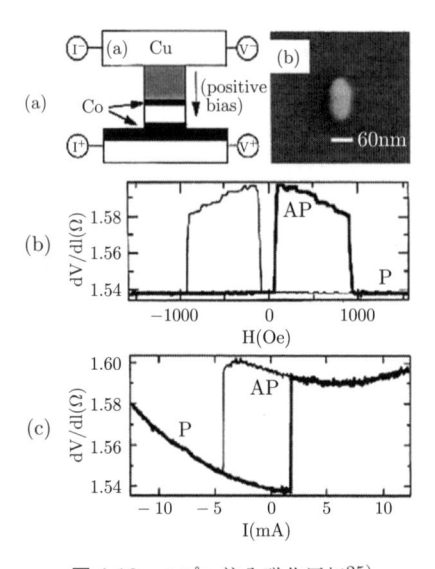

図 4.18 スピン注入磁化反転[25]

この素子の電気抵抗の磁界依存性が図 4.18 (c) に示されています。二つの Co 層の磁化が平行 (P) であるか反平行 (AP) であるかに応じて明瞭な抵抗変化が得られています。図 4.18 (d) は外部磁界をゼロにして、電流を変化させたとき、電気抵抗が電流によって変化するようすを示しています。+2 mA 程度の電流で磁化が平行配置から反平行配置にスイッチするようすが電気抵抗ジャンプとして現れています。この状態は電流をゼロにしても安定であり、−4 mA 程度で再び平行配置へ戻ります。正の電流で反平行配置を、負の電流で平行配置を実現できます。

開発当初は 10^8 A/cm^2 という大電流密度を必要としたので実用は無理であろうと言われましたが、現在では垂直磁化強磁性体を電極とした MgO-TMR 素子を用いて実用可能な電流密度にまで低減することができるようになりま

した[26)].

　従来の MRAM においては，電流が作る磁界を使って磁化反転を誘起して記録するので，微細化すると電流密度が増加し，電力消費が増えることが集積化のネックでした．これに対し，スピントランスファートルクを使うと，MTJ 素子に電流を流すことによって磁化反転でき，微細化した場合には電流密度も小さくなるので，高集積化することが可能になりました．スピントランスファートルクを用いた MRAM は STT-MRAM と呼ばれ，ユニバーサルメモリとして期待されています．

Q 4.4　伝導電子のもつわずかなスピントルクだけで，なぜ相手の磁性体の磁気モーメントを反転できるのですか？

A 4.4　磁気モーメントが歳差運動をする力を使うから可能なのです．
　図 4.19 に示すように，磁性体の磁気モーメント M は，外部磁界 H_{eff} を加えるとその外積 $M \times H_{\mathrm{eff}}$ で表されるトルクを受けて歳差運動を始めますが，$M \times dM/dt$ に比例するダンピングトルクを受けて回転しながら次第に磁界方向に傾いていきます（図 (b) 参照）．このようなスピンの動的な振る舞いはランダウ・リフシッツ・ギルバート (LLG) 方程式によってよく説明できます．

　もし，この磁気モーメントが，ダンピングトルクをちょうど打ち消すような方向のスピントランスファートルクを伝導電子スピンから受け取ると，歳差運動はいつまでも続きます．これが，スピントルク振動子 (STO)

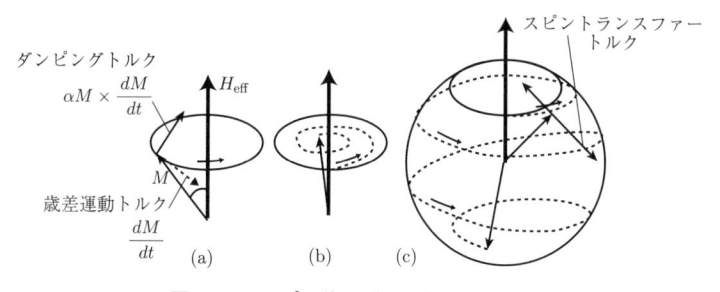

図 4.19　スピン注入磁化反転の動的解析

の原理です.

　スピントランスファートルクがさらに大きくなると歳差運動が増幅され，図 (c) に示すようについには反転してしまうのです．このように歳差運動の助けを借りて反転するので少ない電流での磁化反転が可能なのです．

Q 4.5　LLG 方程式について教えてください．

A 4.5　磁気モーメントの動的な振る舞いを記述する方程式です．

図 4.19 に示すように，磁界 H_{eff} 中に置かれた磁気モーメント M は，$M \times H_{\text{eff}}$，すなわち，M と H_{eff} が作る面に垂直な向きのトルクを受けます．磁気モーメント M の運動方程式は

$$\frac{dM}{dt} = \gamma(M \times H_{\text{eff}}) \tag{4.5}$$

となります．ここに，γ は磁気回転比です．式 (4.5) は，ラーモアの方程式です．4.3.1 項で説明しますが，磁気モーメント M は $\omega = \gamma H_{\text{eff}}$ という角振動数を以て歳差運動をします．（ここに H_{eff} は H_{eff} の大きさです．)

　実際の場合，M は歳差運動をしながら徐々に H_{eff} に平行な方向に傾いていきます．これを表現するために，式 (4.5) に $-\lambda M \times (M \times H)$ というダンピング項を付け加えたのが，ランダウとリフシッツの方程式です．後にギルバートが，ダンピング項として，トルク項 dM/dt と磁気モーメント M のベクトル積に比例する形に修正しました．

$$\frac{dM}{dt} = \gamma(M \times H_{\text{eff}}) + \frac{\alpha}{M_{\text{s}}} M \times \frac{dM}{dt} \tag{4.6}$$

これがランダウ・リフシッツ・ギルバートの式（LLG 方程式）と呼ばれるものです．ここで，第 2 項が M を H_{eff} 方向に引き戻すようなダンピングを表す項で，α はギルバートのダンピング定数です．実際には第 2 項の dM/dt を $\gamma M \times H_{\text{eff}}$ で置き換えた式がよく使われます．

$$\frac{d\boldsymbol{M}}{dt} = \gamma(\boldsymbol{M} \times \boldsymbol{H}_{\text{eff}}) + \frac{\alpha\gamma}{M_{\text{s}}}\boldsymbol{M} \times (\boldsymbol{M} \times \boldsymbol{H}_{\text{eff}}) \tag{4.7}$$

Q 4.6 強磁性体から非磁性体に注入された電流によって第2の強磁性体の磁気モーメントが傾けられる図4.17のようすは，LLG方程式を使ってどう説明されるのですか？

A 4.6 第1電極の強磁性体の磁気モーメント $\boldsymbol{M}_1$ と第2電極の磁気モーメント $\boldsymbol{M}_2$ の両者に垂直な力が $\boldsymbol{M}_2$ に及ぼすトルクを考えます．

図4.17において，電子は強磁性電極 FM$_1$ から非磁性電極 N を介して強磁性電極 FM$_2$ に流れ，スピン角運動量を伝達して FM$_2$ の磁化を反転させます．FM$_1$，FM$_2$ の磁気モーメントをそれぞれ $\boldsymbol{M}_1$，$\boldsymbol{M}_2$ とすると，$\boldsymbol{M}_1$ と $\boldsymbol{M}_2$ とは互いに角度をなして配置しています．この素子に電圧を加えて電流を流すと，伝導電子のスピンは FM$_1$ において $\boldsymbol{M}_1$ 方向に偏極し，その向きを保持したまま非磁性層 N を透過し FM$_2$ に入ります．ここで，伝導電子は FM$_2$ の磁気モーメント $\boldsymbol{M}_2$ 方向に再偏極を受けますが，この過程でスピン角運動量は保存されなければならないので，再偏極の過程で失った成分は $\boldsymbol{M}_2$ に移行してトルクとして働きます．このときの動的な過程は，LLG方程式(4.7)にスピントルクの項を付け加えた次式で記述されます．

$$\frac{\partial \boldsymbol{M}_2}{\partial t} = \gamma(\boldsymbol{M}_2 \times \boldsymbol{H}_{\text{eff}}) + \alpha\gamma\hat{\boldsymbol{m}}_2 \times (\boldsymbol{M}_2 \times \boldsymbol{H}_{\text{eff}})$$
$$+ g\frac{\hbar}{2}\frac{I_e}{e}\hat{\boldsymbol{m}}_2 \times (\hat{\boldsymbol{m}}_2 \times \hat{\boldsymbol{m}}_1) \tag{4.8}$$

ここに，I_e は電流密度で，$\hat{\boldsymbol{m}}_1$，$\hat{\boldsymbol{m}}_2$ はそれぞれ，$\boldsymbol{M}_1$，$\boldsymbol{M}_2$ 方向の単位ベクトルです．第3項がスピントルクの項で，g はスピン伝達の効率を表しています．

ここで $M_2 = |\boldsymbol{M}_2|$ とし，$\boldsymbol{M}_2$ に作用する $\boldsymbol{H}_{\text{eff}}$ が FM$_1$ の磁化方向 $\hat{\boldsymbol{m}}_1$ に平行であることを考慮すると，第2項と第3項をまとめることができ，式(4.8)は次のように変形できます．

$$\frac{\partial \boldsymbol{M}_2}{\partial t} = \gamma(\boldsymbol{M}_2 \times \boldsymbol{H}_{\text{eff}}) + \tilde{\alpha}\gamma M_2 H_{\text{eff}}\{\hat{\boldsymbol{m}}_2 \times (\hat{\boldsymbol{m}}_2 \times \hat{\boldsymbol{m}}_1)\}$$

(4.9)

ここに $\tilde{\alpha} = \alpha - g\frac{\hbar}{2}\frac{I_e}{e}\frac{1}{|\gamma|M_2 H_{\text{eff}}}$ は，有効ダンピング定数です．スピントルクによる磁化反転が起きるためには，スピントルクがダンピング定数より大きくなければなりません．これより，スピン注入磁化反転が起きるための臨界電流密度を見積もることができるのです．

(c) 磁壁は少ない電流密度で動かせる[27]

図4.20 (a) に示すような磁壁をもつ磁性細線を考えます．磁区は，磁壁を隔てて左側が右向き，右側は左向きです．磁壁を横切って細線の右から左に電流を流したとします．電子は (b) に点線で示すように左から右に移動しますが，磁壁を横切るとき電子のスピンは磁気モーメントと交換相互作用をしてモーメントに沿って回転します．このとき，電子のスピン角運動量は磁気モーメントに吸収されます．その結果，磁気モーメントは回転し，図 (c) のように磁壁が右のほうに移ります．

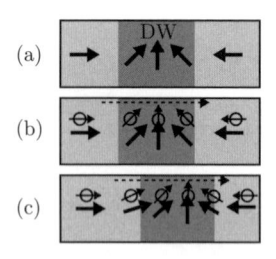

図4.20　スピントランスファー効果による磁壁の電流駆動の説明[27]

山口らはスピントランスファー効果によって伝導電子スピンのトルクが磁壁に渡されることにより容易に磁壁移動が起きることを実験的に検証しました[28]．図4.21 に示すように，電流方向を反転すると移動方向が反転することが，温度ではなくスピン流によることを示しています．

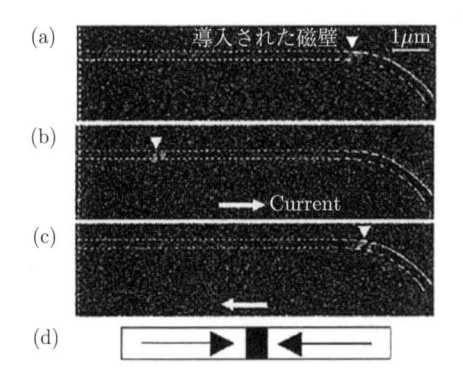

図 4.21　MFM による電流駆動磁壁移動の観察結果[28]

4.1.4　この節の終わりに：スピントロニクスが未来をひらく

4.1 節では，スピントロニクスの街を大急ぎで通り抜けながら，基礎となることがらを学びました．

巨大磁気抵抗効果 (GMR)，トンネル磁気抵抗効果 (TMR) の出現により，磁気 → 電気の変換からコイルが消え，スピン注入磁化反転により電気 → 磁気の変換からもコイルが消えようとしています．

ここでは触れませんでしたが，スピントロニクスは「スピン流」という新しい概念を得て，大きく飛躍しようとしています．スピン流については参考書[29]を紹介するにとどめます．まぐねの国の未来につながる新しいトレンドから目が離せません．

4.2　光と磁気の街

この街は，光の国とまぐねの国の国境にあります．光の国の支配原理は電磁気学です．光が磁界中の物質によって受ける影響を磁気光学効果といいますが，物質中をすすむ光と磁気の関係を初めて見つけたのはファラデーで，19 世紀半ばのことでした．

磁気光学効果の現象は，電磁気学や古典的な電子の運動方程式を使ってほぼ説明することができますが，なぜ強磁性体で大きな磁気光学効果が見られるのかは，光の国の新たな支配原理である量子力学を使わなければなりません．

また，磁気光学効果とは逆に，物質の磁気的な性質が光照射によって影響される光磁気効果があります．光磁気効果にはいくつかの場合があります．一つは，光を吸収して見かけの磁界を発生し，それによって磁気状態が変化する逆ファラデー効果です．もう一つは，光照射が温度上昇をもたらし，熱的に磁性の変化をもたらす熱磁気効果です．また，光の量子としての性質によって起きるフォトンモードの光磁気効果もあります．光と磁気のくわしいことは専門書[30]にゆずり，以下では，光と磁気の街を歩くときの簡単なガイドブックを提供します．

4.2.1 磁気光学効果

(a) 磁気光学効果とは何か

磁気光学効果には，ファラデー効果，磁気光学カー効果，コットンムートン効果などが知られています．

ファラデー効果は，図4.22に示すように，直線偏光（矢印は電界の振動方向）が磁界中に置かれた物質を透過したとき，透過光が楕円偏光となり，楕円の主軸が入射偏光の向きから傾く効果です．この傾きの角度をファラデー回転角，楕円の短軸と長軸の長さの比をファラデー楕円率といいます．

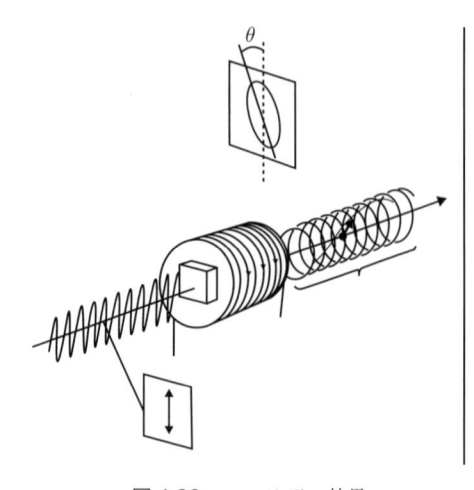

図4.22　ファラデー効果

ガラスや半導体など自発磁化をもたない固体，さらには，酸素などの気体もファラデー効果を示します．強磁性を示さない物質の磁気旋光角を θ_F，磁界を H，光路長を l とすると，

$$\theta_F = VlH \tag{4.10}$$

と表されます．V はベルデ (Verdet) 定数と呼ばれ，物質固有の比例定数です．

表 4.1 にはさまざまな物質のベルデ定数が掲げられています．長さ 1 cm のクラウンガラスに 1 [T] の磁界を加えたときのファラデー回転角はたったの 3.18 deg です．

表 4.1 さまざまな物質のベルデ定数

物質	V [min/A]	物質	V [min/A]
酸素	7.598×10^{-6}	NaCl	5.15×10^{-2}
プロパン	5.005×10^{-5}	ZnS	2.84×10^{-1}
水	1.645×10^{-2}	クラウンガラス	2.4×10^{-2}
クロロホルム	2.06×10^{-2}	重フリントガラス	1.33×10^{-1}

世の中には，自然旋光性といって，磁界を印加しなくても，直線偏光が回転する効果をもつものが知られています．この効果は，分子構造にらせんが存在することによって生じます．自然旋光性とファラデー効果の根本的な違いは，自然旋光性が「相反」であるのに対しファラデー効果が「非相反」だということです．図 4.23 に示すように，自然旋光の場合は，反射して戻ると偏光がも

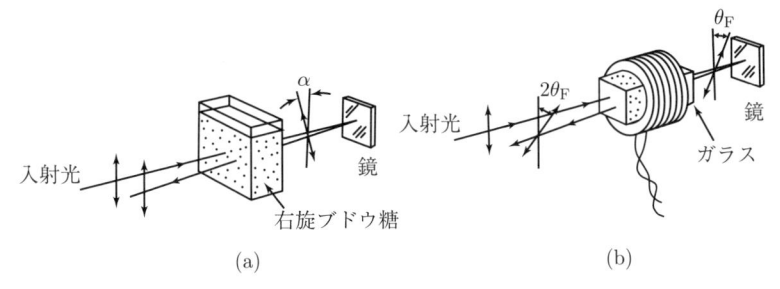

図 4.23 ファラデー効果は自然旋光と異なり，鏡で反射して帰ってきた光の偏光は 2 倍回転している

とに戻りますが，ファラデー回転は自然旋光と違って，鏡で反射して帰ってきた光の偏光は 2 倍回転しているのです．

桁違いに大きなファラデー効果を示すのが，強磁性体やフェリ磁性体など自発磁化をもつ磁性体です．第 3 章に述べたように，これらの磁性体の磁化は外部磁界に比例しないので，ファラデー効果の大きさをベルデ定数によって表すことができません．それで，**表 4.2** に掲げるように磁気的に飽和した磁性体の単位長さ当たりのファラデー回転角を使って表されます．

表 4.2 代表的な磁性体のファラデー効果

物質名	比旋光角 (deg/cm)	性能指数 (deg/dB)	測定波長 (nm)	測定温度 (K)	磁界 (T)
Fe	3.825×10^5		578	室温	2.4
Co	1.88×10^5		546	室温	2
Ni	1.3×10^5		826	120 K	0.27
$Y_3Fe_5O_{12}$	250		1150	100 K	
$Gd_2BiFe_5O_{12}$	1.01×10^4	44	800	室温	
MnSb	2.8×10^5		500	室温	
MnBi	5.0×10^5	1.43	633	室温	
$YFeO_3$	4.9×10^3		633	室温	
$NdFeO_3$	4.72×10^4		633	室温	
$CrBr_3$	1.3×10^5		500	1.5 K	
EuO	5×10^5	104	660	4.2 K	2.08
$CdCr_2Se_4$	3.8×10^3	35 (80 K)	1000	4 K	0.6

表 4.2 によれば，磁気飽和した鉄 (Fe) のファラデー回転角は 1 cm 当たり 38 万 deg にも達します．厚さ 1 cm の鉄は光を通しませんから，実際には 100 nm 程度の膜厚をもつ薄膜について測定された値を使っています．ファラデー効果の良さを表すには，減衰量当たりの回転角を性能指数として用います．光アイソレータに使われる磁性ガーネットの場合，単位長さ当たりの回転角は大きくなくても，赤外領域の光の吸収が少ないので，性能指数は鉄より大きくなります．

磁気光学カー効果は，光が磁性体により反射されるときに受ける何らかの効果のことです．磁気光学カー効果には，**図 4.24** に示すように，(1) 極カー効果, (2) 縦カー効果, (3) 横カー効果の 3 種類があります．極カー効果は磁化が

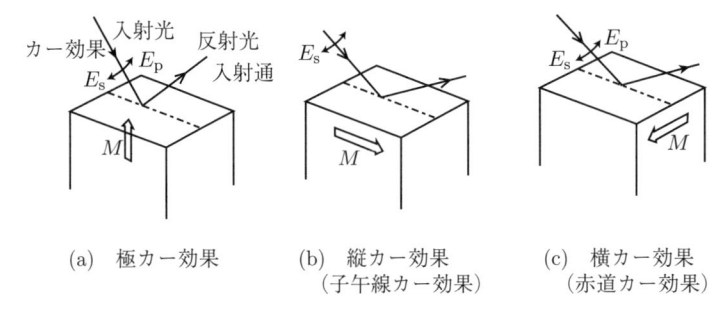

図4.24 3種類の磁気光学カー効果

(a) 極カー効果
(b) 縦カー効果（子午線カー効果）
(c) 横カー効果（赤道カー効果）

反射の法線方向に向いている場合，縦カー効果は磁化が入射面内にある場合です．一般には入射した直線偏光は楕円偏光になり，その長軸がもとの偏光方向から回転します．このときの回転角をカー回転角，楕円偏光の短軸と長軸の比をカー楕円率と呼びます．横カー効果は磁化が入射面に垂直の場合で，偏光の回転は起きませんが，磁化の向きに依存して反射光強度が変化します．

コットンムートン効果は，磁気によって生じる複屈折です．複屈折というのは，偏光の電界の振動方向によって屈折率が異なる現象です．これによって，光学遅延（リターデーション）が生じます．この効果を測定するには，磁界が光の波動ベクトルに垂直になるようにします．これをフォークト配置といいます．コットンムートン効果は，磁化の2乗に比例します．

(b) 磁気光学効果は左右円偏光の応答の違いから生じる

磁気光学効果の起源は，現象論的には，磁化によって左右円偏光に対する物質の光学応答が変わることによって生じます．

直線偏光の電界ベクトルは，図4.25 (a) に示すように右円偏光と左円偏光という2つの回転する電界ベクトルに分解できます．この光が長さ l の物質を透過した後，(b) のように左右円偏光の位相（したがって，速度）が異なっていれば両者を合成した軌跡は入射光の偏光方向から傾いた直線偏光となり，その傾き θ_F は，

$$\theta_\mathrm{F} = -\frac{\theta_\mathrm{R} - \theta_\mathrm{L}}{2} = -\frac{\Delta\theta}{2} \tag{4.11}$$

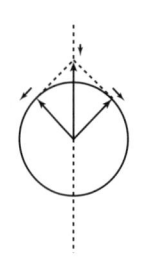

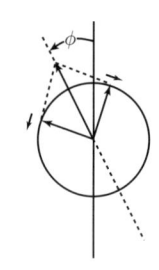

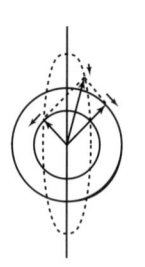

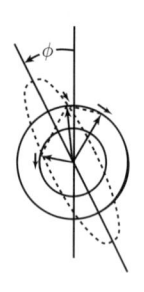

(a) 直線偏光　(b) φだけ回転した直線偏光　(c) 楕円偏光　(d) (b) と (c) によって生じた主軸の傾いた楕円偏光

(a) 直接偏光の電界ベクトルは右まわりと左まわりの2つの円偏光ベクトルに分解できる.
(b) 物質を透過したときに右まわり成分が左まわり成分よりも位相が進んでいたとすると，合成したベクトルの軌跡は入射偏光から傾いた直線偏光となる.
(c) 物質を透過したときに右まわり成分が左まわり成分の振れ幅に違いが生じると，合成したベクトルは楕円偏光になる.
(d) 右まわり成分と左まわり成分の振幅と位相の両方に違いがあると主軸の傾いた楕円偏光になる.

図 4.25　旋光性と同二色性の起源

となります．ここに θ_R は右円偏光の位相，θ_L は左円偏光の位相です．一方，(c) に示すように左右円偏光に対する振幅の差があると，円二色性が生じます．その結果，合成電界ベクトルの軌跡は楕円偏光となります．楕円の短軸と長軸の比を楕円率 η_F と呼び，

$$\eta_F = \frac{E_R - E_L}{E_R + E_L} \tag{4.12}$$

で与えられます．ここに，E_R は右円偏光の電界の振幅，E_L は左円偏光の電界の振幅です．旋光性をもたらす位相の差は，右円偏光に対する屈折率 n_+ と右円偏光に対する屈折率 n_- に差があれば生じます．

$$\theta_F = -\frac{\Delta\theta}{2} = -\frac{\omega(n_+ - n_-)l}{2c} = -\frac{\pi \Delta n\, l}{\lambda} \tag{4.13}$$

これに対し，円二色性は左右円偏光に対する吸光度の違いがあれば生じます．右円偏光の消光係数を κ_+，左円偏光の消光係数を κ_- とすると，

$$\eta_{\mathrm{F}} = \frac{\exp(-\omega\kappa_+ l/c) - \exp(-\omega\kappa_- l/c)}{\exp(-\omega\kappa_+ l/c) + \exp(-\omega\kappa_- l/c)}$$
$$\approx -\frac{\pi \Delta\kappa\, l}{\lambda} \tag{4.14}$$

となります．

(c) 左右円偏光に対する光学定数の違いは比誘電率テンソルの非対角要素から生じる

光の電界 $\boldsymbol{E}$ が印加されたときに物質に生じる電束密度を $\boldsymbol{D}$ とすると，$\boldsymbol{D}$ と $\boldsymbol{E}$ の関係は

$$\boldsymbol{D} = \varepsilon_0 \tilde{\varepsilon} \boldsymbol{E} \tag{4.15}$$

で表されます．ここに ε_0 は真空の誘電率で，$\tilde{\varepsilon}$ は比誘電率です．一般に $\boldsymbol{E}$ も $\boldsymbol{D}$ もベクトル量なので，係数 $\tilde{\varepsilon}$ は，2 階のテンソルで表されます．等方性媒質が z 方向の磁化をもつとき，その比誘電率 $\tilde{\varepsilon}$ は次式のテンソルで表されます．

$$\tilde{\varepsilon} = \begin{pmatrix} \varepsilon_{xx} & \varepsilon_{xy} & 0 \\ -\varepsilon_{xy} & \varepsilon_{xx} & 0 \\ 0 & 0 & \varepsilon_{zz} \end{pmatrix} \tag{4.16}$$

ここに，Q 4.7 に示すように対角成分 ε_{xx}，ε_{zz} は磁化 M の偶数次，非対角成分 ε_{xy} は M の奇数次のべきで表されます．

いま，光の電界，磁界ベクトルとして $\exp\{-i\omega(t - Nx/c)\}$ の形の時間・空間依存性を仮定してマクスウェル方程式を解くと，複素屈折率 $N\,(= n + i\kappa)$ の固有値として，次の 2 つのものを得ます（Q 4.8 参照）．

$$N_\pm^2 = \varepsilon_{xx} \pm i\varepsilon_{xy} \tag{4.17}$$

これらの 2 つの固有値 N_+，N_- に対応する電磁波の固有解は，それぞれ，右円偏光，左円偏光であることが導かれます．

もし，$\varepsilon_{xy} = 0$ であれば，$N_+ = N_-$ となり，左右円偏光に対する媒質の応答の仕方が等しくなり光学活性は生じませんから，非対角成分 ε_{xy} が光学活性のもとであることが理解されるでしょう．

少し面倒な式の誘導によって，式 (4.13)，(4.14) で表される旋光角 θ_F と楕円率 η_F は，

$$\theta_\mathrm{F} = -\frac{\pi l}{\lambda} \frac{\kappa \varepsilon'_{xy} - n\varepsilon''_{xy}}{n^2 + \kappa^2}$$
$$\eta_\mathrm{F} = -\frac{\pi l}{\lambda} \frac{n\varepsilon'_{xy} + \kappa \varepsilon''_{xy}}{n^2 + \kappa^2} \tag{4.18}$$

のように，ε_{xy} の実数部と虚数部の 1 次結合で表されます．（ここに，$\varepsilon_{xx} = (n + i\kappa)^2$ を用いました．）

透明な媒体では，消光係数 κ はゼロなので，式 (4.18) は簡単になって，

$$\theta_\mathrm{F} = \frac{\pi l}{n\lambda} \varepsilon''_{xy}, \quad \eta_\mathrm{F} = -\frac{\pi l}{n\lambda} \varepsilon'_{xy} \tag{4.19}$$

と表され，誘電率テンソルの非対角成分の虚数部が回転角を，実数部が楕円率を与えます．

Q 4.7 誘電率の非対角成分が偏光の回転や楕円性をもたらすことはわかりますが，なぜ磁気に依存するのかわかりません．

A 4.7 誘電率を磁化 M で展開するときにオンサガーの法則を使うことによって，非対角成分が磁化の奇数次のべきで展開できることが得られます．

オンサガーによれば，誘電率テンソルの各成分には，

$$\varepsilon_{ij}(-M) = \varepsilon_{ji}(M) \tag{4.20}$$

という関係が成り立つとされます．対角成分については

$$\varepsilon_{xx}(-M) = \varepsilon_{xx}(M) \tag{4.21}$$

となり，M について偶関数であることがわかります．一方，非対角成分については $\varepsilon_{xy}(-M)\varepsilon_{xx}(-M) = \varepsilon_{xx}(M) = \varepsilon_{yx}(M)$ となりますが，$\varepsilon_{xy}(M) = -\varepsilon_{yx}(M)$ なので，結局，

$$\varepsilon_{xy}(-M) = -\varepsilon_{xy}(M) \tag{4.22}$$

となり，非対角成分は M の奇関数であることが導かれました．M の小さいところでは，1次の展開で十分ですから，磁界のある場合の回転角や楕円率は磁化に比例するのです．

Q 4.8 マクスウェルの方程式からどうすれば左右円偏光に対する複素屈折率の式 (4.17) が導かれるのですか？

A 4.8 ちょっと面倒な式の誘導が続きますが，おつきあいください．
　マクスウェルは，ファラデーの電磁誘導の法則と，電流による磁界発生のアンペールの法則を組み合わせて，電磁気の基礎方程式を作りました．現在の電磁気学はこの方程式がもとになっています．

$$\begin{aligned}
\operatorname{rot} \boldsymbol{E} &= -\frac{\partial \boldsymbol{B}}{\partial t} \\
\operatorname{rot} \boldsymbol{H} &= \frac{\partial \boldsymbol{D}}{\partial t} + \boldsymbol{J} \\
\operatorname{div} \boldsymbol{D} &= \rho \\
\operatorname{div} \boldsymbol{B} &= 0
\end{aligned} \tag{4.23}$$

ここに $\boldsymbol{E}$, $\boldsymbol{D}$, $\boldsymbol{J}$, $\boldsymbol{H}$, $\boldsymbol{B}$ はそれぞれ，電界，電束密度，電流密度，磁界，磁束密度のベクトルを表す．
　伝導電流 $\boldsymbol{J}$ を変位電流に押し込め，誘電率と透磁率を用いて $\boldsymbol{D}$, $\boldsymbol{B}$ をそれぞれ $\boldsymbol{E}$, $\boldsymbol{H}$ で表すと，媒体中の光の伝搬は，SI 単位系を使うと次式で記述されます．

$$\begin{aligned}
\operatorname{rot} \boldsymbol{E} &= -\frac{\partial \boldsymbol{B}}{\partial t} = -\mu_0 \tilde{\mu} \frac{\partial \boldsymbol{H}}{\partial t} \\
\operatorname{rot} \boldsymbol{H} &= \frac{\partial \boldsymbol{D}}{\partial t} = \varepsilon_0 \tilde{\varepsilon} \frac{\partial \boldsymbol{E}}{\partial t}
\end{aligned} \tag{4.24}$$

ここに $\tilde{\varepsilon}$ および $\tilde{\mu}$ は，それぞれ，比誘電率テンソルおよび比透磁率テンソルです．光の周波数においては $\tilde{\mu} = 1$ と近似することができます．ε_0 は真空の誘電率で $\varepsilon_0 = 8.85 \times 10^{-12}$ F/m, μ_0 は真空の透磁率で $\mu_0 = 1.257 \times 10^{-6}$ H/m です．

次のステップでは，誘電率テンソルをマクスウェルの方程式に代入して複素屈折率 N の固有値を求める．ここで，電界，磁界の波動関数として

$$\begin{aligned} \boldsymbol{E} &= \boldsymbol{E}_0 \exp(-i\omega t) \cdot \exp(i\boldsymbol{K} \cdot \boldsymbol{r}) \\ \boldsymbol{H} &= \boldsymbol{H}_0 \exp(-i\omega t) \cdot \exp(i\boldsymbol{K} \cdot \boldsymbol{r}) \end{aligned} \tag{4.25}$$

を仮定し，マクスウェル方程式

$$\begin{aligned} \operatorname{rot} \boldsymbol{E} &= -\mu_0 \frac{\partial \boldsymbol{H}}{\partial t} \\ \operatorname{rot} \boldsymbol{H} &= \tilde{\varepsilon}\varepsilon_0 \frac{\partial \boldsymbol{E}}{\partial t} \end{aligned} \tag{4.26}$$

に代入して，$K = (\omega/c)(n+i\kappa)$ の固有値と固有関数を求めます．式 (4.26) の第 2 式を t で 1 回偏微分し $\partial/\partial t$ と rot の順番を入れ替え，$\partial \boldsymbol{H}/\partial t$ に第 1 式を代入し，$\exp(-i\omega t + iKr)$ の形の波動式を代入し，$\boldsymbol{E}$ についての 2 次方程式を得ます．

$$\operatorname{rot}\left(-\frac{1}{\mu_0} \operatorname{rot} \boldsymbol{E}\right) = \tilde{\varepsilon}\varepsilon_0 \frac{\partial^2 \boldsymbol{E}}{\partial t^2}$$

ここで $\varepsilon_0 \mu_0 = \dfrac{1}{c^2}$ を用いると，次の式 (4.27) を得ます．

$$\operatorname{rot}\operatorname{rot} \boldsymbol{E} = -\frac{\tilde{\varepsilon}}{c^2} \frac{\partial^2 \boldsymbol{E}}{\partial t^2} \tag{4.27}$$

をマクスウェルの方程式ということがあります．ここで，rot, grad, div の間に成り立つ $\operatorname{rot}\operatorname{rot} \boldsymbol{E} = \operatorname{grad}\operatorname{div} \boldsymbol{E} - \nabla^2 \boldsymbol{E}$ という公式を用いると，

$$\operatorname{grad}\operatorname{div} \boldsymbol{E} - \nabla^2 \boldsymbol{E} = -\tilde{\varepsilon}\frac{1}{c^2}\frac{\partial^2 \boldsymbol{E}}{\partial t}$$

ここに式 (4.25) を代入すると

$$(\boldsymbol{E} \cdot \boldsymbol{K})\boldsymbol{K} - |\boldsymbol{K}|^2 \boldsymbol{E} + \left(\frac{\omega}{c}\right)^2 \tilde{\varepsilon}\boldsymbol{E} = 0 \tag{4.28}$$

波数ベクトルの向きに平行で長さが N であるような屈折率ベクトル $\hat{\boldsymbol{N}}$ を用いると，式 (4.25) の第 1 式は

$$\boldsymbol{E} = \boldsymbol{E}_0 \exp\left\{-i\omega\left(t - \frac{\hat{\boldsymbol{N}} \cdot \boldsymbol{r}}{c}\right)\right\} \tag{4.29}$$

となり，固有方程式 (4.28) は，

$$\hat{N}^2 \boldsymbol{E} - (\boldsymbol{E} \cdot \hat{\boldsymbol{N}})\hat{\boldsymbol{N}} - \tilde{\varepsilon}\boldsymbol{E} = 0 \tag{4.30}$$

によって記述できます．

磁化が z 軸方向にあるとして，z 軸に平行に進む波 ($\hat{N} \parallel z$) に対して式 (4.25) は

$$E = E_0 \exp\left\{-i\omega\left(t - \frac{\hat{N}}{c}z\right)\right\} \tag{4.31}$$

と表されます．固有方程式 (4.30) は

$$\begin{pmatrix} \hat{N}^2 - \varepsilon_{xx} & -\varepsilon_{xy} & 0 \\ \varepsilon_{xy} & \hat{N}^2 - \varepsilon_{xx} & 0 \\ 0 & 0 & -\varepsilon_{zz} \end{pmatrix} \begin{pmatrix} E_x \\ E_y \\ E_z \end{pmatrix} = 0 \tag{4.32}$$

と書けます．この式は下の 2 式に分けられます．

$$\begin{pmatrix} \hat{N}^2 - \varepsilon_{xx} & -\varepsilon_{xy} \\ \varepsilon_{xy} & \hat{N}^2 - \varepsilon_{xx} \end{pmatrix} \begin{pmatrix} E_x \\ E_y \end{pmatrix} = 0 \tag{4.33}$$

$$-\varepsilon_{zz}E_z = 0$$

第 2 式より，光の進行方向の電界成分 E_z が存在するのは $\varepsilon_{zz} = 0$，つまりプラズモンの存在する場合のみです．

第 1 式が有限の電界において成立するには，

$$\begin{vmatrix} \hat{N}^2 - \varepsilon_{xx} & -\varepsilon_{xy} \\ \varepsilon_{xy} & \hat{N}^2 - \varepsilon_{xx} \end{vmatrix} = 0 \tag{4.34}$$

が成立しなければなりません．これより，$\hat{N}$ の固有値として

$$\hat{N}_\pm^2 = \varepsilon_{xx} \pm i\varepsilon_{xy} \tag{4.35}$$

を得ます．こうして式 (4.17) が導かれました．

$\hat{N}_\pm$ に対応する固有関数は，

$$E_\pm = \frac{E_0}{2}(\boldsymbol{i} \pm i\boldsymbol{j})\exp\left\{-i\omega\left(t - \frac{\hat{N}_\pm}{c}z\right)\right\} \tag{4.36}$$

となります．ここに $\boldsymbol{i}$, $\boldsymbol{j}$ は x 方向および y 方向の単位ベクトルです．$\boldsymbol{E}_+$, $\boldsymbol{E}_-$ は，それぞれ，右円偏光，左円偏光に対応します．

(d) 量子論を使うと磁気光学スペクトルも説明できる

量子論における摂動論を使うと，誘電率テンソルの対角および非対角成分が物質の電子状態に基づいて生じていることがわかります．

誘電率というのは，外部から高周波の電界という摂動を加えたときに電気分極がどのような応答を示すかを与えるものです．摂動を受ける前の物質では正電荷と負電荷が釣り合って中性になっています．すなわち，正電荷（原子核）と負電荷（電子雲）の分布の中心が一致しています．ここに外部から電磁波が入ると，その電界の摂動によって電子雲の分布が変形するので，正電荷と負電荷の分布の中心がずれます．これによって電気分極が生じます．電磁波の電界はプラスマイナスに振動していますから，電気分極もそれに合わせて振動します．

電気分極をもたらしている電子雲の分布の変形を図 **4.26** に従って量子論によって解釈してみましょう．摂動を受ける前の物質中の電子の固有状態は，飛び飛びの（離散的）エネルギー固有値をもついくつかの波動関数 $|0\rangle, |1\rangle, |2\rangle, \ldots$ で表されますが，通常はエネルギーの最も低い状態（基底状態）$|0\rangle$ にあって，原子核のまわりに偶関数的な分布をしています．飛び飛びのエネルギー準位の差のエネルギーをもつ光を吸収するとエネルギーの高い状態（励起状態）の波動関数 $|1\rangle, |2\rangle$ に遷移しますが，このとき波動関数の形が変わります．

エネルギー的に励起状態には届かない光を受けた場合にはリアルの遷移は起きないのですが，光の電界の摂動を受けて，基底状態の波動関数 $|0\rangle$ にバーチャ

$$\chi_{xy}(\omega) = \frac{2Nq^2}{\hbar\varepsilon_0} \sum_j \omega_{j0} |\langle j|x|0\rangle|^2 \left[\frac{1}{\omega_{j0}^2 - \omega^2}\right]$$

$$= \frac{2Nq^2}{\hbar\varepsilon_0} \left(\frac{\omega_{10}|\langle 1|x|0\rangle|^2}{\omega_{10}^2 - \omega^2} + \frac{\omega_{20}|\langle 2|x|0\rangle|^2}{\omega_{20}^2 - \omega^2} + \cdots \right)$$

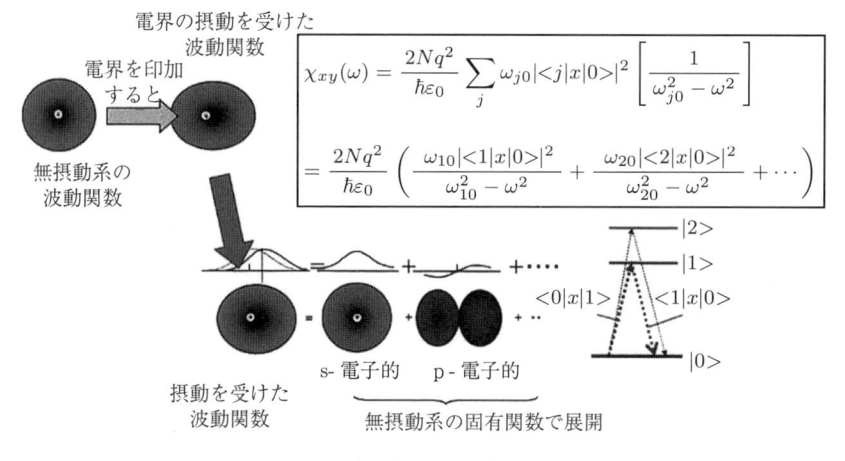

図 4.26 電気分極の量子論による解釈

ルに励起状態 $|1\rangle, |2\rangle, \ldots$ の波動関数が混じってきて，電子雲の形が変形するのです．これによって電気分極が誘起されると考えるのです．

励起状態の混じりやすさは，基底状態 $|0\rangle$ と励起状態 $|i\rangle$ との間の電気双極子遷移確率 $|\langle 0|x|n\rangle|^2$ に比例し，光のエネルギー ω から基底状態 $|0\rangle$ と励起状態 $|n\rangle$ のエネルギー差 ω_{n0} を引いたものに反比例します．

計算の詳細は参考書に譲り，エネルギーが飛び飛びの（離散）準位で与えられるような局在電子系における誘電率の対角成分は，

$$\varepsilon_{xx}(\omega) = 1 - \frac{N_0 q^2}{m\varepsilon_0} \sum_n \frac{(f_x)_{n0}}{(\omega + i/\tau)^2 - \omega_{n0}^2} \tag{4.37}$$

と，ローレンツ振動子の式と同じ形で表すことができます．ここに $(f_x)_{n0}$ は基底状態 $|0\rangle$ と励起状態 $|n\rangle$ との間の直線偏光による電気双極子遷移の振動子強度を表し，

$$(f_x)_{n0} = \frac{2(m\omega_{n0})}{he^2} |\langle 0|x|n\rangle|^2 \tag{4.38}$$

によって表されます．

非対角成分は，図 4.27 に示すように右まわり，または，左まわりに回転する電界（円偏光）の摂動によって，軌道角運動量量子数 l_z が 0 である基底状態

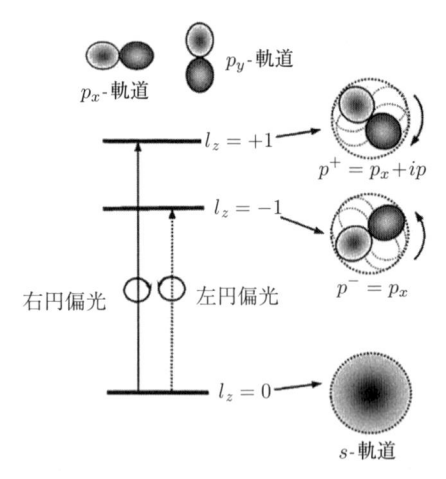

図 4.27 軌道角運動量の変化をともなう遷移の選択則

に，軌道角運動量量子数が 1，または −1 であるような励起電子の回転する電子状態がバーチャルに混じり込んでくることによって生じます．式を使って表すと，

$$\varepsilon_{xy}(\omega) = \frac{iN_0q^2}{2m\varepsilon_0} \sum_n \frac{\omega_{n0}\{(f_+)_{n0} - (f_-)_{n0}\}}{\omega\{(\omega + i/\tau)^2 - \omega_{n0}^2\}} \quad (4.39)$$

のようにローレンツ型の分散曲線で表されます．ここに $(f_+)_{n0}$，$(f_-)_{n0}$ は，それぞれ基底状態 $|0\rangle$ と励起状態 $|n\rangle$ との間の右円偏光および左円偏光に対する電気双極子遷移の振動子強度で，

$$(f_\pm)_{n0} = \frac{m\omega_{n0}|\langle 0|x \pm iy|n\rangle|^2}{he^2} \quad (4.40)$$

で与えられます．$\langle 0|x \pm iy|n\rangle$ は基底状態 $|0\rangle$ と励起状態 $|n\rangle$ との間の円偏光による遷移行列です．＋ が右円偏光，− が左円偏光に対応します．

磁化は，選択則を通じて振動子強度の差 $(f_+)_{n0} - (f_-)_{n0}$ に影響を与え，磁気光学効果をもたらすのです．

式 (4.37) から，誘電率の対角成分の実数部は分散型，虚数部は吸収型のスペクトルを示すことがわかります．一方，非対角成分について，式 (4.39) を見る

と，対角成分とは逆に実数部が吸収型，虚数部が分散型になっています．

一例として，図 4.28 (a) に示すような電子構造を考えます．基底状態の軌道角運動量子数を $l=0$，励起状態の軌道角運動量子数を $l=1$ とします．磁化のないとき，右円偏光と左円偏光に対する遷移の差がないので磁気光学効果は生じません．強磁性状態において↑スピンの準位と↓スピンの準位のエネルギー差が kT に比べ十分大きいとします．スピン軌道相互作用によって，励起状態の軌道縮退が解け，図 4.28 (a) に示すように右円偏光による遷移の中心の振動数 ω_1 と左円偏光による遷移の中心の振動数 ω_2 が異なってきます．これによって，図 4.28 (b) に示すように，誘電テンソルの非対角成分のスペクトルは，実数部は分散型，虚数部は左右に翼のあるベル型になるのです．

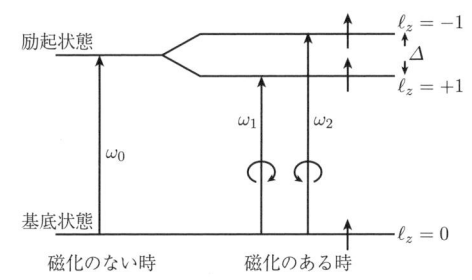

(a) 反磁性型磁気光学スペクトルをもたらす電子構造モデル（基底状態に軌道縮退がなく，交換相互作用が十分大きく↑スピンのみが占有されているとする．また励起状態がスピン軌道相互作用によって分裂しているとする）

(b) 反磁性型磁気光学スペクトル ε_{xy} の形状

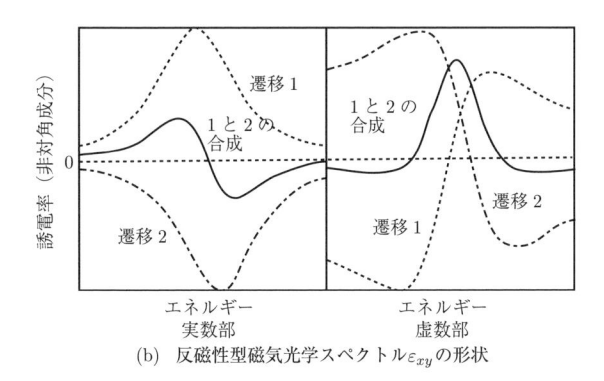

図 4.28 スピン軌道分裂と磁気光学スペクトル

4.2.2 磁気光学効果の応用

磁気光学効果は，(1) 磁気計測・観測の手段，(2) 光磁気アイソレータ，(3) 光磁気記録の再生，(4) 空間磁気光学変調器，(5) イメージングなどに応用されています．

(1) 計測・観測手段

磁気光学効果の時間応答は 10^{-15} [s] 以下と非常に早い．それは，4.2.1 (a) に述べたように，磁気光学効果が電子状態間のバーチャルな光学遷移に基づいているからです．その高速性を使って，高速磁化反転の観測手段として使われています．一例として，図 4.29 に，GdFeCo 合金薄膜に超短パルスレーザーを照射したときに起きる高速の磁化変化をファラデー効果によって観測した結果を示しています[31]．

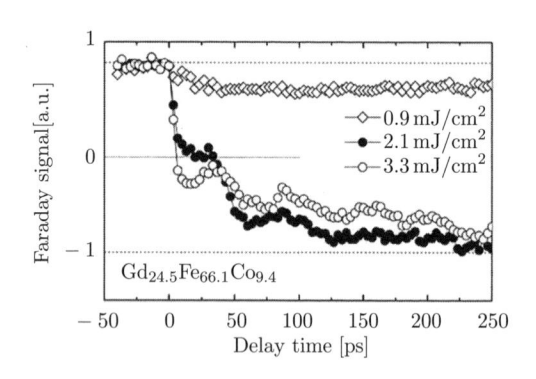

図 4.29 超短パルス光照射による GdFeCo 膜の超高速の磁化変化[31]

これまで説明してきた磁気光学効果は，光強度に対して線形の応答を示す現象でした．これに対して，光強度に対し非線形の応答を示す非線形磁気光学効果があります．

非線形磁気光学効果は，強い超短パルスレーザー励起によって生成された高次の電気分極による高次光発生が，磁化の影響を受ける効果です[32]．主として，2 次高調波発生 (SHG) が使われ，入射偏光に対し出射 SHG 光の偏光が磁化に応じて変化する非線形磁気カー効果 (NOMOKE) が観測されています．たとえば Fe は，縦カー配置の線形磁気光学カー回転角はせいぜい 0.1° と小さ

いのですが，非線形磁気カー回転は 90° 近い大きな値をもつことが報告されています．非線形磁気光学効果は，反強磁性体においても観測され，磁気点群を用いた解析が行われています．

(2) 光磁気アイソレータ[30]

磁気光学効果が最も実用されているのが，その非相反性を用いて光を一方通行にする磁気光学アイソレータです．図 1.7 に示すように偏光軸を 45 度傾けた 2 枚の偏光子で磁性ガーネット結晶を挟み，円筒永久磁石の磁界中に置いたシンプルな構造ながら，光ファイバー通信において戻りビームの半導体レーザーへの入射を抑えるために不可欠な光部品となっています．

光多重通信における光ファイバーアンプ EDFA にも線路挿入型の光磁気アイソレータが使われています．磁気光学効果は，このほか，光サーキュレータ，可変光アッテネータ，光スイッチなどの光通信用コンポーネントに活躍しているのです．光磁気アイソレータの課題は，光集積回路への実装です．光多重通信用コンポーネントへの実装を念頭に入れた超小型導波路型アイソレータの研究が行われています．

(3) 光磁気記録の再生[30]

1990 年代に開発されマーケットに投入された光磁気ディスク，ミニディスクは，磁性物理の粋を集めた先端技術のかたまりともいえるものでした．熱磁気

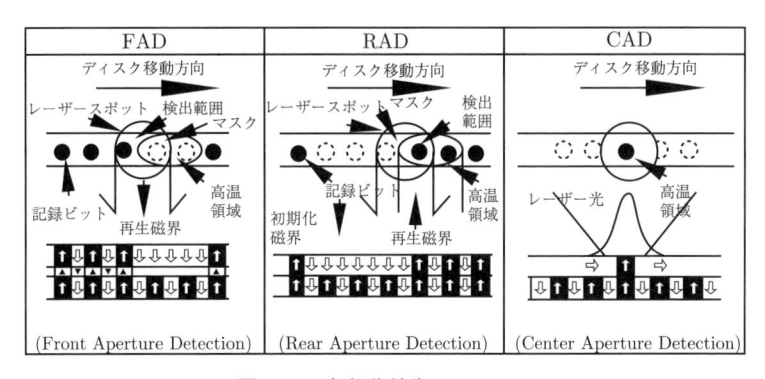

図 4.30　超解像技術のいろいろ

記録された磁気情報の再生には磁気光学効果が用いられました．

記録密度を上げるために直径数十 nm にまで小さくした記録マークを（回折限界を超えて）読み出すために，磁気超解像の技術が開発され GIGAMO という名称で市場に投入されました．さらに磁区拡大や磁壁移動を利用した再生技術も開発されましたが，コスト高となり，その地位をハードディスク，携帯音楽プレーヤなどに明け渡し，製造が中止されてしまいました．

(4) 空間光変調器[33]

通常，空間光変調器 (SLM) には液晶が用いられますが，応答速度が遅く，分解能も十分でないという問題点を抱えています．磁気光学空間光変調器 MOSLM は高速動作が可能なことから，ホログラフィックメモリーや立体画像ディスプレイなどの分野で大きな期待を背負っています．図 4.31 に示す磁界変調に電流磁界を用いたものはすでに実用化されています．

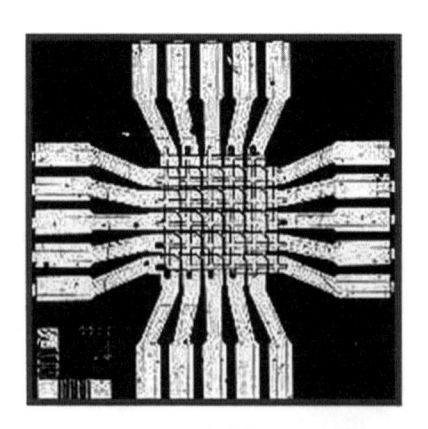

図 4.31　電流制御型 MOSLM

電流磁界方式の課題である電力消費を低下させるために，磁気旋光角を増強できる磁性フォトニック結晶の利用や，ピエゾ素子と組み合わせることによる電圧制御方式の開発などが行われています．最近，強誘電体との界面効果によって，可視域で透明な常磁性物質を用いることが可能になり，新しい展望が開けてきました．

(5) イメージング

磁気光学効果は古くから磁区のイメージング手段として用いられてきました．また磁気記録の分野では，磁気ヘッド上の微細な磁気構造の観測にも使われてきました．さらに紙幣の磁性インク・磁気カードなどの磁区観測には磁性ガーネット薄膜を介した磁気光学イメージングが行われています．図 4.32 に示すように，同じ手法を超伝導体への磁束浸入の観測に用いることができ，超伝導電流の大きさを見積もり，その分布をイメージングすることも可能になっています[34]．

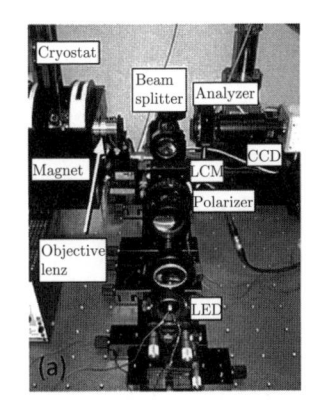

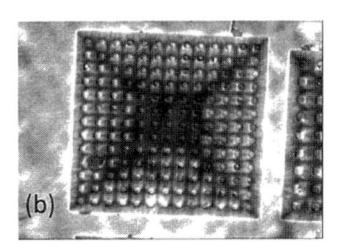

図 4.32　磁気光学顕微鏡 (a) と超伝導体への磁束浸入の画像化 (b)[34]

面内磁化イメージングの空間分解能はほぼ光の回折限界で決まります．近接場光を用いると，回折限界以下の微細構造を観測することができます．最近では，放射光による X 線磁気円二色性 XMCD を利用した元素選択的な磁気光学イメージングが使われています．

4.2.3 光磁気効果

光照射によって物質の磁気的性質が変化する効果を光磁気効果といいます．これには，純粋に光子のもつエネルギーが及ぼすフォトンモードの効果と，光を吸収したことによる温度上昇が引き起こす熱モードの効果とがあります．

(1) フォトンモードの光磁気効果

フォトンモードの光磁気効果には，光誘起磁化，光誘起透磁率変化，光スピンクロスオーバ強磁性などが知られています．

(a) 光誘起磁化

ピックアップコイルを巻いた常磁性体に共鳴する波長のパルスレーザーを照射すると，ピックアップコイルに電圧パルスが誘起されます．最初の実験は，ルビーレーザーを使ってルビーの R 吸収線を共鳴的に励起する方法で行われました[35]．基底状態のスピン 4 重項から最低の励起状態である 2 重項に光学遷移が起きるときのスピンの変化によって磁化の変化が起きます．これが熱効果でないことは，円偏光の回転方向を右から左に変えたとき，コイルに誘起される電圧が反転することから確かめられています．光によって磁気がもたらされるので，逆ファラデー効果と呼ばれています．

この効果は，3d 遷移金属イオンや希土類を含む酸化物，磁性半導体，希薄磁性半導体，3d 遷移金属錯体などでも観測されています[36]．

宗片らは，磁性体超微粒子を分散したグラニュラー構造をもつ物質に光を照射することにより，磁化が誘起されることを見いだしました．光励起によって電子・正孔対が母体物質に生成され，それらが微粒子の磁気モーメントをそろえ合う交換相互作用の媒体となっていると考えられています[37]．

(b) 光誘起透磁率変化

Si を添加した YIG 結晶の強磁性共鳴周波数が光照射によって大きく変化する現象は，1967 年に英国のティール，テンプルらによって発見されました[38]．この効果はその後オランダのエンツらによって詳細に研究され[39]，磁性半導体や他のフェライトにおいても光照射による磁気的性質の変化が見いだされました．

たとえば，Si を添加 YIG ($Y_3Fe_5O_{12}$) において 77 K で光を照射すると，初透磁率が 1/10 以下に減少する応答を示します．このほかにも，光誘導磁気異方性，光誘導ひずみ，光誘導二色性なども報告されています．これらの応答は数秒から数時間にわたる遅い現象です．動作原理としては，光照射による電荷

移動型遷移にともなう 3d 遷移金属イオンの価数変化,光生成されたキャリアのトラップ準位による捕捉と再解放,電子正孔対の再結合などが考えられますが,未だに完全な理解は得られていません.

(c) 光クロスオーバ強磁性

遷移金属イオンの 3d 電子状態は,図 4.33 (a) に Fe^{3+} に例示するようにフントの規則に従って,なるべく大きな全スピン角運動量をもつように配置し,高スピン状態になっています.(このことは 2.2.5 項に説明しました.)一方,遷移金属錯化合物においては,3d 軌道は配位子の p 軌道との混成によって,e 軌道と t_2 軌道に配位子場分裂しており,電子相関(電子間に働くクーロン相互作用を表す)が配位子場分裂(遷移金属イオンの d 電子と配位子の p 電子の共有結合性を表す)より大きい場合,(b) のようにスピンをそろえて e 軌道,t_2 軌道を占有する高スピン状態が安定になりますが,配位子場分裂が電子相関より大きい場合,(c) のように,下の t_2 軌道に互いに逆向きのスピンをもつ電子が占有する低スピン状態が安定となります.

錯化合物の中には,光照射によって,低スピン状態から高スピン状態へと相転移する現象があり,**光スピンクロスオーバ**と呼ばれています.

光スピンクロスオーバの起きる場所が,無数に連結した 3 次元ネットワークをもつ結晶固体の中にあれば,高スピン状態のサイト間で磁気秩序が形成され

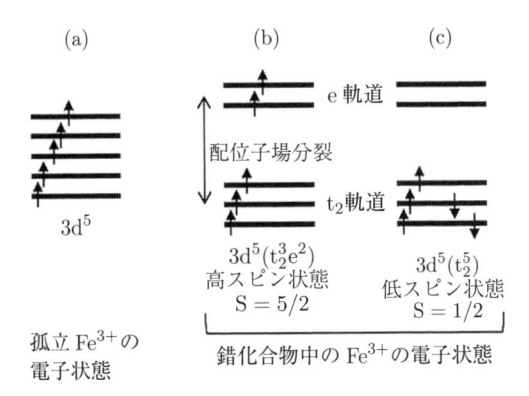

図 4.33 Fe^{3+} 錯化合物における配位子場分裂と,高スピン・低スピン状態

ることによって強磁性状態に相転移する現象が起きます。実際,3次元ネットワーク金属錯体であるピリジンアルドキシムにおいて,光強磁性が観測されています[40]。

(d) 光キャリア誘起磁性

III–V族希薄磁性半導体ではキャリア誘起による強磁性が起きていることが知られています。腰原らはGaSbにエピタキシャル成長した磁性半導体$In_{0.94}Mn_{0.06}As$において,光励起したキャリアが媒介したと考えられる強磁性を見いだしました。図4.34は,SQUIDを用いて測定した5KにおけるM-H曲線の光照射前後の変化を示しています[41]。

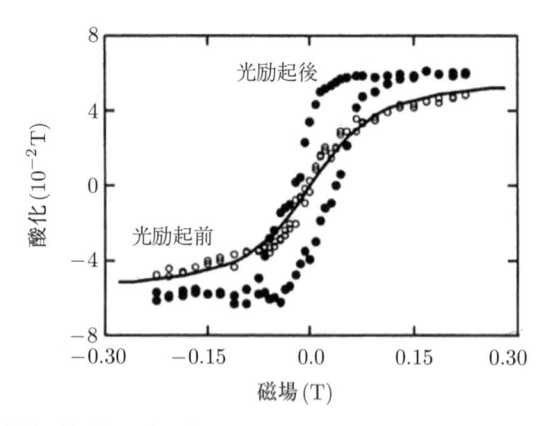

図4.34 光励起後(白丸)と光励起前(黒丸)の5Kにおける磁化過程(実線)は$j=75$として得られるブリルアン関数[41]

(2) 熱モードの光磁気効果

熱モードの光磁気効果としては,熱磁気記録,熱アシスト磁化反転,温度誘起スピン再配列効果などが知られています。

(a) 熱磁気記録[30]

図4.35は光磁気ディスクやミニディスクにおける記録の原理を示しています。媒体には(a)のようにコイルによって弱いバイアス磁界が印加されていま

(a) 電流　弱い磁界

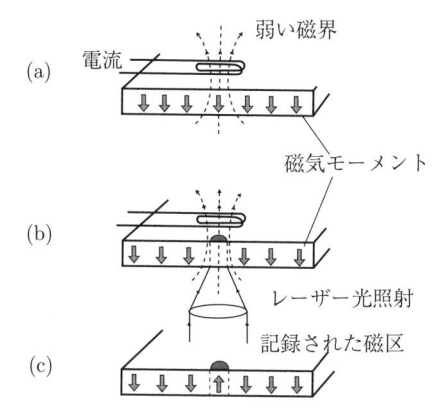

(b) 磁気モーメント

(c) レーザー光照射　記録された磁区

図 4.35　光磁気記録（キュリー温度記録）の説明図

すが，保磁力以下なので磁気モーメントは反転しません．(b) に示すレーザー光照射により T_C 以上に加熱された領域は磁化を失いますが，冷却の際，(c) のようにバイアス磁界と周囲からの反磁界を受けて，逆向きに磁化され記録されます．これを**キュリー温度記録**といいます．

光磁気記録媒体に使われる TbFeCo はフェリ磁性体で，図 4.36 に示すように，Tb（テルビウム）の副格子磁化 $\bm{M}_{Tb}$ と FeCo の副格子磁化 $\bm{M}_{FeCo}$ が互いに逆向きで，異なった温度依存性をもちます．このため，全磁化 $\bm{M}_s$ は，補償温度 T_{comp} で打ち消されています．

第 3 章に述べたように，保磁力 H_c は磁化 M_s に反比例するので，補償温度付近では非常に大きな値になります．この補償温度を室温付近にくるように媒

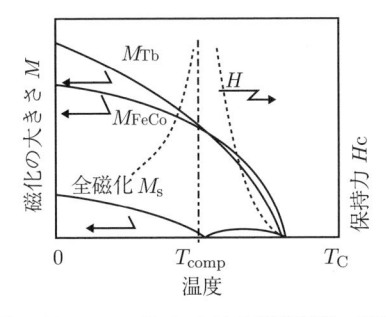

図 4.36　TbFeCo における補償温度の説明

体の組成比を調整すると，レーザー照射によって温度が T_{comp} より高くなると保磁力が低下して弱いバイアス磁界で容易に磁化反転が起きます．温度が室温に戻ると，保磁力が大きくなって磁化反転した領域が安定に存在できるようになります．

実際の光磁気ディスクでは，キュリー温度記録と，補償温度記録の要素をともに利用しています．

(b) 熱アシスト磁化反転

ハードディスク (HDD) 媒体は，磁性微粒子の集合体なので，記録密度の増大に伴い微粒子のサイズが小さくなっていくと，磁気ヘッドによって記録された直後は記録磁区内のすべての粒子の磁化が記録磁界の方向に向いていますが，時間とともに各粒の磁化がバラバラな方向に向いていき，記録された情報が保てないという現象が起きます．

この現象は，粒子の異方性磁気エネルギー $K_{\mathrm{u}}V$（K_{u} は単位体積当たりの磁気異方性エネルギー，V は粒子の体積）が小さくなることによって，熱揺らぎ kT に打ち勝てなくなるためと考えられています．ハードディスクの寿命の範囲でデータが安定であるための条件は，$\eta = K_{\mathrm{u}}V/kT$ というパラメータが 60 以上なければならないのです．このため高密度磁気記録には高密度化の限界（超常磁性限界）があるとされます．

粒子サイズが減少しても，この減少を補うくらい磁気異方性 K_{u} を増大できれば，超常磁性限界を伸ばすことができるはずですが，K_{u} が大きくなると H_{c} が増大しハード磁性体となって磁気ヘッドで記録できなくなるのです．

保磁力の大きな媒体にどのようにして記録するのかという課題への回答の 1 つが，熱アシスト記録です．図 4.37 に示すように，室温付近では大きな H_{c} を示すが温度上昇によって通常の磁気ヘッドで記録できる程度に H_{c} が減少する媒体を用いれば，温度を上げて磁気記録することができます．これが**熱アシスト磁気記録** (HAMR: heat-assisted magnetic recording) の考えです．

HAMR に用いる光ヘッドは，光磁気ディスクのヘッド（媒体との距離が mm）と異なって，媒体との距離がサブナノメータとなり，ビットサイズも微小（$1\,\mathrm{Tb/in}^2$ では $10\,\mathrm{nm} \times 75\,\mathrm{nm}$ 程度）なので，近接場光発生素子 (NFT:

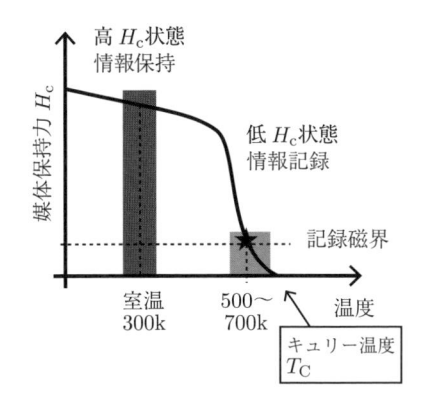

図 4.37 媒体保磁力の温度変化と熱アシスト記録の原理[42]

near-field transducer) を使う必要があります[42]．

(c) 温度誘起スピン再配列

希土類オーソフェライトの仲間には，ある温度を境にスピン再配列相転移を示すものがあります．磁界中においた希土類オーソフェライトに光照射すると，熱誘起スピン再配列により，磁気異方性が変化し，磁化方向が変わるため，磁界中ではトルクが発生します．この現象を利用したものが光モーターです[43]．希土類オーソフェライト以外にも温度によって磁気異方性が変化する物質を使えば，同様の現象を引き起こすことができます．

4.3 磁気共鳴の街

この街は，まぐねの国と電波の国の国境にあります．磁界中に置かれた磁気モーメントは歳差運動をしますが，ここに電波を当てたとき，電波の周波数と歳差運動が共鳴すると電波を吸収します．これを**磁気共鳴**と呼びます．磁気共鳴には，核スピンが主役になる核磁気共鳴 (NMR)，常磁性体中の電子スピンが主役になる電子常磁性共鳴 (EPR)，強磁性の磁気モーメントが主役になる強磁性共鳴 (FMR) などがよく知られています．ここでは，化学分析や病気の診断になくてはならない NMR を中心に磁気共鳴の街を探索しましょう．

4.3.1 磁界中に置かれた磁気モーメントの歳差運動

4.1 節の Q 4.6 に示したように，磁気モーメント M が磁界 H_0 の中に置かれると，ラーモアの定理により歳差運動（コマにたとえると味噌すり運動）が起きます．磁気モーメント M と磁界 H_0 に垂直な方向に磁気モーメントを変化させるトルク dM/dt が働くからです．運動方程式は

$$\frac{dM}{dt} = \gamma[M \times H_0] \tag{4.41}$$

$H_0 \parallel z$ とすると，M の各成分の式は，

$$\frac{dM_x}{dt} = \gamma M_y H_0, \quad \frac{dM_y}{dt} = -\gamma M_x H_0, \quad \frac{dM_z}{dt} = 0 \tag{4.42}$$

これより，

$$\frac{d^2 M_x}{dt^2} = -\gamma^2 H_0^2 M_x, \quad \frac{d^2 M_y}{dt^2} = -\gamma^2 H_0^2 M_y, \quad M_z = \text{const.}$$

となります．この式の解は，M の傾きを α，$\omega = -\gamma H_0$ として

$$M_x = M_0 \sin\alpha \cos(\omega t), \quad M_y = M_0 \sin\alpha \sin(\omega t), \quad M_z = M_0 \cos\alpha \tag{4.43}$$

x, y, z 方向の単位ベクトルを i, j, k として，M は

$$M = M_0[\sin\alpha(\cos\omega t \, i + \sin\omega t \, j) + \cos\alpha \, k] \tag{4.44}$$

となり，図 4.38 のように固有角振動数 ω をもって歳差運動をします．

$(a)\ \gamma > 0$ $(b)\ \gamma < 0$

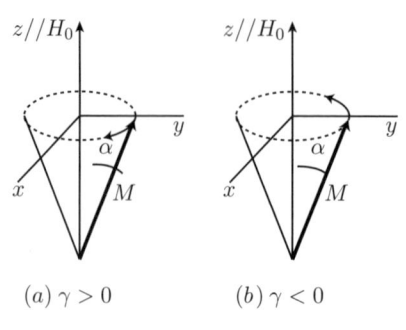

図 4.38 スピンの歳差運動

$\omega = -\gamma H_0$ なので，歳差運動の角振動数は，磁界の大きさに比例します．比例係数 γ を磁気回転比と呼びます．

核スピンの γ は正なので (a) に示すように時計回り，電子スピンの γ は負なので (b) に示すように反時計回りです．

Q 4.9 磁気回転比 γ の大きさと符号は何によって決まるのですか？

A 4.9 γ は磁気モーメントとスピン角運動量の比を表します．

磁気モーメントは電子の場合はボーア磁子 μ_B，核の場合は核磁子 μ_N に g 値をかけたものですから，オーダ的には電荷/(質量 × 光速) で決まります．原子核の質量は電子の質量より 3 桁も大きいので，核スピンの γ は電子スピンの γ より 3 桁小さい値をもちます．電子の磁気回転比は γ_e と書かれ $\gamma_e/2\pi = 2.8025 \times 10^{10}$ [Hz/T] ですが，陽子の磁気回転比 γ_p は，$\gamma_p/2\pi = 4.2578 \times 10^7$ [Hz/T] となり，3 桁小さい値です．

1–3 [T] の磁界を加えたときの陽子の核スピンの共鳴周波数は，42.6–127.7 [MHz] となります．このため，NMR には VHF 帯の電磁波が使われます．一方，電子スピンの共鳴周波数は 321 mT の磁界で 9 GHz（X バンド）のマイクロ波となります．

符号については，原子核の電荷は正，電子の電荷は負ですから，核スピンの γ は正，電子スピンの γ は負です．

4.3.2 磁気モーメントの過渡応答——縦緩和時間と横緩和時間——

運動方程式 (4.41) において，平衡状態において左辺は $d\boldsymbol{M}/dt = 0$．したがって

$$M_x = 0, \quad M_y = 0, \quad M_z = M_0 = \chi H_0 \tag{4.45}$$

と，磁界に平行な成分 M_z のみとなります．

$\boldsymbol{M}_z$ が熱平衡状態にないとき，$\boldsymbol{M}_z$ は，平衡状態 $M_z = M_0$ からの差に比例して平衡状態に近づくので，過渡応答を表すには式 (4.42) の第 3 式の右辺に

$$\frac{dM_z}{dt} = \frac{M_0 - M_z}{T_1} \tag{4.46}$$

という項を付け加えなければなりません．T_1 は磁気モーメントの縦成分が平衡状態に向かって変化するようすを表すので**縦緩和時間**と呼ばれます．

式 (4.46) の解は

$$M_z = M_0 \left\{ 1 - \exp\left(-\frac{t}{T_1}\right) \right\} \tag{4.47}$$

となります．

磁界のもとで歳差運動している磁気モーメントは，式 (4.43) に示したように x, y 方向の成分（横成分）をもちますが，これらの成分は，平衡状態では式 (4.45) に示したようにゼロとなります．この過渡応答を表すには，

$$\frac{dM_x}{dt} = -\frac{M_x}{T_2}, \quad \frac{dM_y}{dt} = -\frac{M_y}{T_2} \tag{4.48}$$

という項を式 (4.42) の第 1，第 2 式に付け加えなければなりません．T_2 は磁気モーメントの横成分の平衡に向けた変化を表すので**横緩和時間**と呼ばれます．

別の見方をすると，T_2 は M_x および M_y に寄与する個々の磁気モーメントの位相がそろっている時間のおよその目安となっています．この時間を過ぎるとスピンごとに歳差運動の位相がばらばらとなり，時間と共に M_x および M_y がゼロに近づきます．このため，T_2 は位相緩和時間とも呼ばれます．

式 (4.48) を考慮すると，式 (4.42) は，

$$\frac{dM_x}{dt} = \gamma M_y H_0 - \frac{M_x}{T_2}, \quad \frac{dM_y}{dt} = -\gamma M_x H_0 - \frac{M_y}{T_2} \tag{4.49}$$

となるので，式 (4.43) は

$$M_x = M_0 \sin\alpha \exp\left(-\frac{t}{T'}\right) \cos(\omega t),$$

$$M_y = M_0 \sin\alpha \exp\left(-\frac{t}{T'}\right) \sin(\omega t)$$

という形で減衰振動します．代入して T' を求めると

$$\cos(\omega t)\left(\frac{1}{T_2} - \frac{1}{T'}\right) - \sin(\omega t)(\omega - \gamma H_0) = 0$$

となり，自由歳差運動においては $T' = T_2$，$\omega = \gamma H_0$ となることがわかりました．電波中に置かれるとスピン系は $\omega = \gamma H_0$ 付近の角振動数で電波を共鳴吸収します．吸収線の半値幅は，横緩和時間の逆数すなわち $1/T_2$ で与えられます．

4.3.3 NMR スペクトルで化学種を同定する[44]

核スピンの共鳴周波数は，表 4.3 に示すように核種によって異なった値をとります．また，同じ核種においても，図 4.39 に示すように置かれた環境に応じて共鳴周波数が異なります．これは化学シフトと呼ばれ，シフト量から化合物に含まれる官能基の種類を推定することができます．化学シフトを表すのに，周波数を用いると外部磁界の強さによって数値が異なるので，通常テトラメチルシラン (TMS) $Si(CH_3)_4$ の共鳴位置を基準にして，それからのずれを周波数で割算して ppm 単位にして表します．

以前の NMR 分光装置では，試料を磁界中に入れ核スピンの向きを揃えた分子（核スピンはゼーマン分裂を受けている）に電波の周波数を掃引しながら順

表 4.3 代表的な核磁気共鳴を示す安定同位体

同位体	天然存在比 (%)	スピン I ($h/2\pi$)	磁気回転比 γ (10^7 radT^{-1}s^{-1})	共鳴周波数 (MHz) (磁場強度 2.348 T)	相対強度*
^{1}H	99.98	1/2	26.7519	100	1
^{2}H	0.016	1	4.1066	15.35	0.01
^{13}C	1.108	1/2	6.7283	25.19	0.016
^{14}N	99.63	1	1.9338	7.22	0.001
^{15}N	0.37	1/2	-2.712	10.13	0.001
^{17}O	0.037	5/2	-3.6279	13.56	0.03
^{19}F	100	1/2	25.181	94.08	0.83
^{29}Si	4.67	1/2	-5.3188	19.86	0.08
^{31}P	100	1/2	10.841	40.48	0.07

＊一定磁場中の同数の核に対しての感度

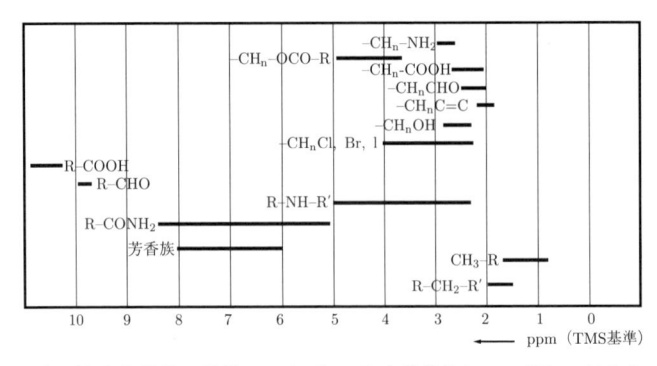

図 4.39 さまざまな化学種の化学シフト（TMS を基準として，ずれの割合を ppm 単位で表示）[44]

次共鳴を観測していましたから，測定に時間がかかりました．いまでは，磁界の中に試料を置き，パルス状の電波を照射し，核磁気共鳴させた後，分子がもとの安定状態に戻る際に発生するエコー信号を検知して，分子構造などを解析しています．

　パルス状の電波を照射することによって広い周波数帯域を一度に励起します．検出された信号には，個々の共鳴線に対応する周波数成分が含まれていますから，これをフーリエ変換することで一気に NMR スペクトルが得られるのです．パルスフーリエ変換法は，NMR スペクトルの測定時間を短縮し，信号の SN 比を大幅に改善しただけでなく，周波数・位相・タイミングなど高周波パルスの操作によって，縦・横緩和時間などの情報を得ることも可能にし，NMR の有用性を高めました．

Q 4.10　エコー信号を検出すると書かれていましたが，エコーとは何でしょうか．説明してください．

A 4.10　正確にはスピン・エコーといって，2 つのパルス電磁波を時間間隔 τ で加えると，時間がさらに τ だけ経ったときに信号が戻ってくる現象のことです．

　図 4.40 (a) のように，はじめにすべてのスピン磁気モーメントが静磁界（z 軸方向）を向いていたとします．次に (b) のように「90° パル

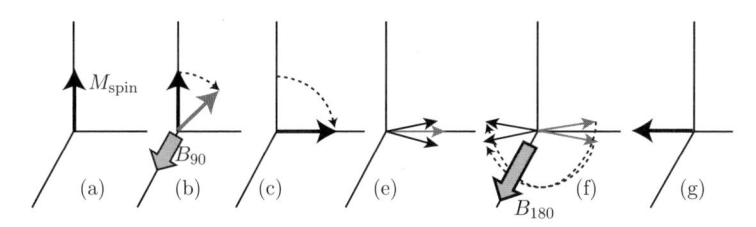

図 4.40　スピン・エコーの原理を説明する図

ス」と呼ばれるパルス電磁波をスピンと直交する方向（回転系の X' 方向）に印加して，(d) のようにスピンを静磁界と電磁波の両方に直交する方向（図では y' 方向）に倒し横磁化を生じさせます．核スピンが受ける局所磁界がばらつくため，時間がたつにつれ，スピンの方向は静磁界のまわりに均一に分布してしまい，(e) のように横磁化は消失してしまいます．このため τ 時間後に今度は「180° パルス」と呼ばれる強い電磁波を (f) のように加えると，各スピンは 180° 回転し，その後は初めの τ 秒間と逆の運動を行うので，180° パルスから τ 秒後にはスピンは再び揃い横磁化が回復します．この現象をスピン・エコーと呼び，この回復した横磁化をコイルで検出することによって共鳴が観測できます．くわしくは専門書をお読みください[45]．

4.3.4　医療診断になくてはならない MRI 装置

生体を構成する分子の 60〜70% は水，20〜30% は脂質ですが，水分子や脂質分子には H^+ イオンすなわち陽子（プロトン）が含まれます．陽子は核スピン $I = 1/2$ をもっているので，磁界中で核磁気共鳴による歳差運動が起きますが，VHF の電波で磁気共鳴するので，これを用いて画像化し，病理診断に用いるのが磁気共鳴画像化法 (MRI) です．陽子の密度の濃淡が MRI の濃淡になります．脂肪分子は C_nH_{2n} という組成式で表されるように多数の陽子を含み，強い信号が観測されます．

MRI においては，パルス状の電磁波を使い，電磁波照射後，生体から戻ってくるエコー信号を解析することによって，共鳴信号の強度のほか，核スピンの歳差運動の縦緩和時間 T_1 と横緩和時間 T_2 を測定しています．

観測したい対象の性質に応じて，T_1 強調画像，T_2 強調画像などが用いられます．

MRI では，画像化のために，傾斜磁界を用いることによって位置情報を得ています．図 4.41 (a) に示すように均一磁界のもとでは，同じ核種の信号は A，B と位置が違っても同じ周波数のところに現れます．これに対し，傾斜磁界を用いると (b) に示すように異なる位置からの信号は異なる周波数のところに現れますから，共鳴磁界から位置情報を得ることができます[46]．実際は，直交する 2 方向に傾斜した磁界を使い，観測信号波形をフーリエ変換することによって画像化が行われています．詳細は，解説書[47]をお読みください．

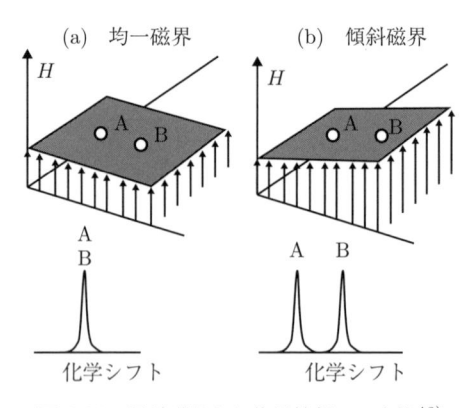

図 4.41　傾斜磁界から位置情報への変換[46]

Q 4.11　電子常磁性共鳴について説明がないのですが，これによって何がわかるのですか？

A 4.11　電子スピンの状態を観察することによって，電子構造，格子欠陥，不純物などの情報を得ることができます．感度が高いので微量の不純物を検出することもできます．

　くわしくは参考書[48]をお読みください．ここでは，半導体中の不純物の観察を紹介しておきます．結晶が微量の遷移金属原子を含むときは，d 電子や f 電子が不完全殻を作るため不対スピンが生じ，不純物原子に特有の電子常磁性共鳴 (EPR) スペクトルを示します．奇数個の局

在電子を含む系，たとえば $Cr^{3+}(3d^3)$，$Fe^{3+}(3d^5)$，$Eu^{2+}(4f^7)$ などでは，結晶中にあっても常にスピン2重項（$S = \pm1/2$ の状態が縮退した状態）が存在し，磁界によって $\pm1/2$ のスピン状態が分裂し，必ず EPR が観測されます．一方偶数個の電子を含む系，たとえば $Cr^{2+}(3d^4)$，$Fe^{2+}(3d^6)$，$Tb^{3+}(4f^8)$ などでは，偶然に他の状態と縮退している場合に角度依存性の大きな共鳴線が見られますが，それ以外は共鳴線がほとんど観測されません．

図 4.42 は，故意に添加しない $CuGaSe_2$ 単結晶の EPR スペクトルです．C 共鳴線の位置は大きな角度依存性があり，偶数個の電子をもつ不純物によると推測され，6個の d 電子をもつ Fe^{2+} と考えると，共鳴線の角度シフトの実験結果がよく説明できました[49]．電子線励起X線回折法 (EDX) などでは見つからない微量不純物でも，EPR は捉えることができます．図 4.43 は，$CuAlS_2$ に $1\,mol\%$ の V^{3+} を添加した単結晶の EPR スペクトルです．共鳴線には8本の構造が見られますが，これは V の同位元素の ^{51}V ($I = 7/2$) による $2I + 1 = 8$ 本に分裂した超微細構造と考えられ，この共鳴線が V からの信号であると同定されます[50]．核スピンとの相互作用による微細構造を指紋として，不純物の特定ができるのです．

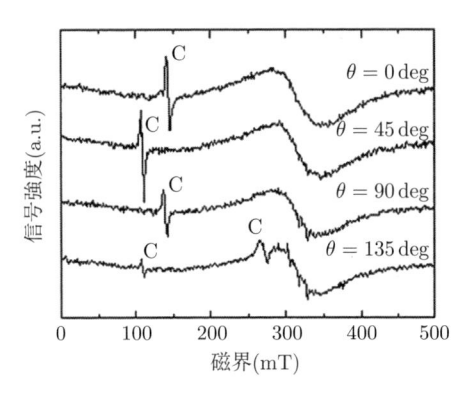

図 4.42　$CuGaSe_2$ 中の微量 Fe 不純物の EPR スペクトル[49]

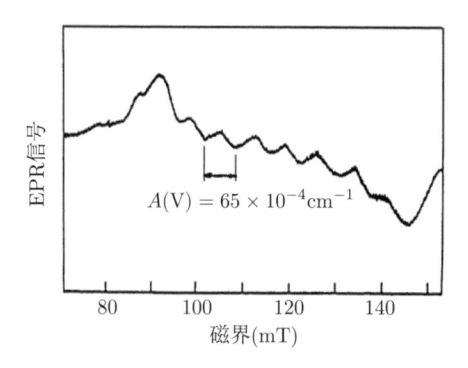

図 4.43　CuAlS$_2$ 中の V 不純物が示す超微細構造[50]

Q 4.12　ふつうスペクトルの横軸は波長や周波数なのに図 4.42, 4.43 の EPR のスペクトルの横軸はなぜ磁界なのですか？

A 4.12　装置の都合上，周波数を振ることがむずかしいので磁界のほうを振るのです．

　EPR の標準的な装置では，信号強度を稼ぐためにキャビティ（空洞共振器）を用いていますが，キャビティを使うと使えるマイクロ波周波数が限定されるのです．それで，マイクロ波周波数を固定して，磁界のほうを変化させるのが普通です．

　常磁性共鳴 (EPR) は信号が弱いのでキャビティが必要ですが，強磁性共鳴 (FMR) では信号が強いので試料をマイクロストリップライン上に置き，磁界は固定してマイクロ波の周波数を変化させネットワークアナライザで検出することができますから，横軸を周波数にしたスペクトルも測定されています．

　今は，衛星放送やモバイル通信などマイクロ波帯の電磁波を扱う技術が以前に比べ圧倒的に進歩しましたから，今後は横軸が周波数のデータが増えると予想します．

Q 4.13 EPRは微量不純物でも検出できるようですが,感度はどれくらいあるのですか?

A 4.13 感度は $10^{14}\,\text{spin/cm}^3$ といわれています.
フーリエ変換ESRだともっと微量のスピンを検出できます.この高い感度を使って,水素化アモルファスシリコンに含まれる密度 $10^{15}\,\text{cm}^{-3}$ 程度のわずかな未結合手の密度を捉えることもできるのです[51]).

第4章のまとめ

この章では,まぐねの国の国境にあるスピントロニクスの街,磁気光学の街,磁気共鳴の街などの新しい街を訪れました.いずれも,隣国とのコラボレーションによって,シンプルな磁性だけでは実現できない新しい機能を発現することができました.特に,スピントロニクスの街では新しい発見や発明が毎月のように報告されています.この章で紹介したのはその一部分に過ぎません.光と磁気の街も,磁気光学効果についてはかなりわかってきましたが,光磁気効果については,まだまだわからないことだらけです.すでに技術的に成熟していると思われる磁気共鳴の街のMRI装置でも,超伝導コイルを冷却するための液体ヘリウムが要らない装置や,非診断者に不快感を及ぼす轟音のない装置などの開発が進められています.電子スピン共鳴にももっと最新技術を導入する余地がありそうです.

本書を手がかりにして,新しいまぐねの国の探検にチャレンジされることを祈っています.

参考文献

1. P. Grünberg, R. Schreiber, and Y. Pang: *Phys. Rev. Lett.* 57, 2442 (1986)
2. M. N. Baibich, J. M. Broto, A. Fert, F. Nguyen Van Dau, F. Petroff, P. Eitenne, G. Creuzet, A. Friedrich, and J. Chazelas: *Phys. Rev. Lett.* 61,

2472 (1988)
3. G. Binasch, P. Grünberg, F. Saurenbad, and W. Zinn: *Phys. Rev. B* 39, 4828 (1989)
4. T. Shinjo and H. Yamamoto: *J. Phys. Soc. Jpn.* 59, 3061 (1990)
5. B. Dieny, V. S. Speriosu, S. S. P. Parkin, B. A. Gurney, D. R. Wilhoit, and D. Mauri: *Phys. Rev. B* 43, 1297–1300 (1991)
6. W. H. Meiklejohn and C. P. Bean: *Phys. Rev.* 102, 1413–1414 (1956); 105, 904–913 (1957)
7. 近角聰信:『強磁性体の物理 (上) (下)』, 裳華房 (1984)
8. A. E. Berkowitz and K. Takano: *J. Magn. Magn. Mater.* 200, 552–570 (1999)
9. P. M. Tedrow, R. Meservey, and P. Fulde, *Phys. Rev. Lett.* 25, 1270 (1970)
10. M. Julliere: *Phys. Rev. Lett. A* 54, 225 (1975)
11. S. Maekawa and U. Gäfvert: *IEEE Trans. Magn.* MAG-18, 707 (1982)
12. T. Miyazaki and N. Tezuka: *J. Magn. Magn. Mater.* 139, L231 (1995)
13. http://www.nims.go.jp/apfim/Andreev_j.html
14. R. J. Soulen Jr., J. M. Byers, M. S. Osofsky, B. Nadgorny, T. Ambrose, S. F. Cheng, P. R. Broussard, C. T. Tanaka, J. Nowak, J. S. Moodera, A. Barry, and J. M. D. Coey: *Science* 282, 85 (1998)
15. G. J. Strijkers, Y. Ji, F. Y. Yang, C. L. Chien, and J. M. Byers: *Phys. Rev. B* 63, 104510 (2001)
16. W. H. Butler, X.-G. Zhang, T. C. Schulthess, and J. M. MacLaren: *Phys. Rev. B* 63, 054416 (2001)
17. J. Mathon and A. Umeski: *Phys. Rev. B* 63, 220403R (2001)
18. S. Yuasa, A. Fukushima, T. Nagahama, K. Ando, and Y. Suzuki: *Jpn. J. Appl. Phys. Part 2* 43, L558 (2004)
19. S. S. P. Parkin, C. Kaiser, A. Panchula, P. M. Rice, B. Hughes, M. Samant, and S.-H. Yang: *Nature Materials* 3, 862 (2004)
20. (独) 産総研ナノスピントロニクスセンター Web site http://unit.aist.go.jp/src/ci/teams/teams_metal.html の図に基づいて作図.
21. J. Slonczewski: *J. Magn. Magn. Mater.* 159, L1 (1996)
22. L. Berger: *Phys. Rev. B* 54, 9353 (1996)
23. E. B. Myers, D. C. Ralph, J. A. Katine, R. N. Louie, and R. A. Buhrman: *Science* 285, 865 (2000)

24. 小野輝男：スピントロニクス入門セミナーテキスト (応用物理学会スピントロニクス研究会 2011.12.16)
25. F. J. Albert et al.: *Appl. Phys. Lett.* 77, 3809 (2000)
26. 久保田均，福島章雄，大谷祐一，湯浅新治，安藤功児，前原大樹，恒川孝二，D. Djayaprawira，渡辺直樹，鈴木義茂：日本応用磁気学会第 145 回研究会資料「スピン流駆動デバイスの最前線」(2006.1) p. 43
27. 小野輝男，矢野邦明，谷川博信，山口昭啓：日本応用磁気学会第 145 回研究会資料「スピン流駆動デバイスの最前線」(2006.1) p. 37
28. A. Yamaguchi, T. Ono, S. Nasu, K. Miyake, K. Mibu, and T. Shinjo: *Phys. Rev. Lett.* 92, 077205 (2004)
29. 齊藤英治，村上修一：『スピン流とトポロジカル絶縁体』，基本法則から読み解く物理学最前線，共立出版 (2014)
30. 佐藤勝昭：『光と磁気（改訂版）』，現代人の物理シリーズ，朝倉書店 (2001)
31. A. Tsukamoto, T. Sato, S. Toriumi, and A. Itoh: "Precessional Switching by Ultrashort Pulse Laser: Beyond Room Temperature Ferromagnetic Resonance Limit," *J. Appl. Phys.* 109, 07D302 [3 pages] (2011)
32. 佐藤勝昭：『新しい磁気と光の科学』，菅野暁，小島憲道，佐藤勝昭，對馬国郎編，講談社サイエンティフィク (2001)，第 6 章「金属人工格子の非線形磁気光学効果」，pp. 141–174
33. 高木宏幸，井上光輝：「磁気光学効果を用いた新しい空間光変調器」，光学 42, 20–25 (2013)
34. K. Sato and T. Ishibashi: "Development and Application of Magneto-Optical Microscope Using Polarization-Modulation Technique," *IEEJ Trans. Elect. Electron. Eng.* 3, 399–403 (2008)
35. T. Tamaki and K. Tsushima: "Optically Induced Magnetization in Ruby," *J. Phys. Soc. Jpn.* 45 122–127 (1978)
36. 高木芳弘，嶽山正二郎，足立智：「光による電子スピン配向と磁気変調効果」，応用物理 64, 241–245 (1995)
37. S. Haneda, M. Yamaura, Y. Takatani, K. Hara, S. Harigae, and H. Munekata: "Preparation and Characterization of Fe-Based III–V Diluted Magnetic Semiconductor (Ga, Fe)As," *Jpn. J. Appl. Phys.* 39, L9 (2000)
38. R. W. Teale and D. W. Temple: "Photomagnetic Anneal, A New Magneto-Optic Effect, in Si-Doped Yttrium Iron Garnet," *Phys. Rev. Lett.* 19, 904–905 (1967)

39. U. Enz and H. van der Heide: "Two New Manifestations of the Photomagnetic Effect," *Solid State Commun.* 6, 347–349 (1968)
40. 所裕子, 井元健太, 大越慎一:「スピンクロスオーバー光強磁性体」, *O plus E* 35, 733–736 (2013)
41. S. Koshihara, A. Oikawa, M. Hirasawa, S. Katsumoto, Y. Iye, T. Urano, H. Takagi, and H. Munekata: "Ferromagnetic Order Induced by Photogenerated Carriers in Magnetic III–V Semiconductor Heterostructures of (In, Mn)As/GaSb," *Phys. Rev. Lett.* 78, 4617–4620 (1997)
42. 野口潔:「HDD 用熱アシスト磁気記録ヘッド」, *O plus E* 35, 716–719 (2013)
43. 玉城孝彦:「スピン再配列を用いた光磁気モータの試作」, 電子情報通信学会論文誌 J60-C, 251–252 (1977)
44. (社) 日本分析機械工業会 (JAIMA) のホームページを参考にしました. http://www.jaima.or.jp/jp/basic/magneticresonance/
45. A. Abragam: *The Principle of Nuclear Magnetism*, Oxford University Press (1961); 邦訳:アブラガム著, 富田和久, 田中基之共訳『核の磁性』, 吉岡書店 (1975); P. C. Slichter: *Principle of Magnetic Resonance*, Harper and Row, New York (1963); 邦訳:Charles P. Slichter 著, 益田義賀, 雑賀亜幌共訳『磁気共鳴の原理』, 岩波書店 (1966)
46. 中田宗隆:『なっとくする機器分析』, 講談社サイエンティフィク (2007) 図 5.20 (p. 180) を参考に作図.
47. たとえば, 日本磁気共鳴医学会教育委員会編『基礎から学ぶ MRI——MRI レクチャー』, 日本磁気共鳴医学会 (2004)
48. 伊達宗行:『電子スピン共鳴 (新物理学シリーズ)』, 培風館 (1997)
49. K. Sato, Y. Katsumata, and T. Nishi: "Electron Spin Resonance of Fe in CuGaSe$_2$," *Jpn. J. Appl. Phys. Suppl.* 39 Suppl. 39-1 405–406 (2000)
50. I. Aksenov and K. Sato: "Electron Spin Resonance and Optical Absorption of Ti^{3+} and V^{3+} in CuAlS$_2$," *Jpn. J. Appl. Phys.* 31, L527–L530 (1992)
51. M. Stutzmann: "Metastability in Amorphous and Microcrystalline Semiconductors," in *Amorphous and Microcrystalline Semiconductor Devices: Materials and Device Physics* (ed. J. Kanicki), Artech House, Norwood, 129–187 (1992)

索引

■記号／数字■
2重交換相互作用 ································ 61
2流体電流モデル ···························· 91, 97
3d 遷移金属 ···························· 27, 32, 34
3d 電子殻 ·· 38
4f 希土類 ································· 27, 34

■A■
Al_2O_3 ····································· 97, 102
A/m ··· 9

■B■
$BaFe_{12}O_{19}$ ······································ 8

■C■
CGS-emu 単位系 ································ 9
Co ······················· 18, 19, 95, 106, 114
CPP ·· 91
CPP-GMR 構造 ······························· 106
Cr ··· 19

■E■
E-B 対応系 ······································· 9
E-H 対応系 ······································· 9
E-k 分散曲線 ···································· 41
EPR ······························· 135, 142, 144

■F■
Fe ······················· 18, 19, 82, 114
FeAlNiCo ·· 8
FePt ··· 81
FeRAM ··· 74
FMR ·· 135

■G■
Gd ·· 19
GdFeCo ······································· 126
GMR ·· 5, 91
GMR 素子 ······································ 93

■H■
HAMR ·· 134
HDD ···································· 3, 5, 134

■K■
k 空間での表示 ································ 51

■L■
LLG 方程式 ··································· 108

■M■
MgO ··· 101
Mn_3Si ··· 19
MRAM ·································· 89, 102
MRI ······································ 16, 141

■N■
$Nd_2Fe_{14}B$ ······································· 8
Nd-Fe-B ······································· 85
Ni ·· 19, 114
NMR スペクトル ······················ 139, 140
NOMOKE ···································· 126

■O■
Oe ··· 9

■R■

RKKY 振動 …………………………… 60
RKKY 相互作用 ……………………… 60

■S■

SDW …………………………………… 16
SHG …………………………………… 126
SI 単位系 ……………………………… 9
SLM …………………………………… 128
SmCo$_5$ ……………………………… 8
SmCo 磁石 …………………………… 85
STO …………………………………… 107
STT-MRAM …………………………… 107

■T■

TMR ……………………………… 5, 96
TMR 素子 ……………………………… 42

■X■

XMCD …………………………… 81, 129

■Y■

Y$_3$Fe$_5$O$_{12}$ ……………………… 59, 114
YIG ……………………………… 6, 59, 130

■あ■

アステロイド曲線 ……………………… 103
アルカリ金属 …………………………… 37
アルニコ ……………………………… 8
アンドレエフ反射 ……………………… 99

■い■

一軸異方性 ……………………………… 78
イットリウム鉄ガーネット …………… 59
異方性エネルギー ……………………… 78
異方性磁界 ……………………………… 80
異方性磁気抵抗効果 …………………… 91
イメージング ………………………… 129
医療診断技術 …………………………… 20

■う■

右円偏光 ………………………… 115, 122
運動エネルギー ………………………… 51
運動交換 ……………………………… 59

■え■

永久磁石 …………………………… 2, 8
永久磁石材料 ………………………… 7, 84
液体酸素 ……………………………… 17
エコー信号 …………………………… 140
エネルギー積 $BH_{\max}$ ………… 2, 8
エネルギー帯 ………………………… 54
円二色性 ……………………………… 116

■お■

オンサガーの法則 …………………… 118
温度誘起スピン再配列 ……………… 135

■か■

カー楕円率 …………………………… 115
界面エネルギー ……………………… 95
化学シフト ……………………… 139, 140
化学分析 ……………………………… 135
角運動量 ……………………………… 26
角形比 ………………………………… 85
核スピン ………… 135, 137, 139, 141, 143
核発生 …………………………… 72, 85
数えすぎ ……………………………… 57
かたい ………………………………… 7
かたい磁性体（ハード磁性体）……… 2
過渡応答 ……………………………… 137
ガドリニウム（Gd）………………… 19
環状電流 ……………………………… 24
間接交換相互作用 ……………… 48, 60
官能基 ………………………………… 139
環流磁区 ……………………………… 71

■き■

機械系 ………………………………… 74

軌道角運動量 ・・・・・ 26, 27, 33, 80, 81, 123
軌道角運動量が消失 ・・・・・・・・・・・・・・・・ 34, 35
軌道磁気モーメント ・・・・・・・・・・・・・・・・ 26, 81
希土類オーソフェライト ・・・・・・・・・ 19, 135
逆格子 ・・・・・・・・・・・・・・・・・・・・・・・・・・・・・・・ 41, 53
逆ファラデー効果 ・・・・・・・・・・・・・・・・ 112, 130
キャビティ ・・・・・・・・・・・・・・・・・・・・・・・・・・・・・ 144
キュリー温度 (T_C) ・・・・・・・・・・・・・・・・ 21, 35
キュリー温度記録 ・・・・・・・・・・・・・・・・・・・・ 133
キュリー定数 ・・・・・・・・・・・・・・・・・・・・・・・ 33, 47
キュリーの法則 ・・・・・・・・・・・・・・・・・・・・ 33, 47
キュリー・ワイスの法則 ・・・・・・・ 44, 47, 48
強磁性 ・・・・・・・・・・・・・・・・・・・・・・・ 16, 18, 35
強磁性共鳴 (FMR) ・・・・・・・・・・・・・・・・・・・・ 144
強磁性元素 ・・・・・・・・・・・・・・・・・・・・・・・・・・・・ 19
強磁性状態 ・・・・・・・・・・・・・・・・・・・・・・・・・・・・ 45
強磁性相互作用 ・・・・・・・・・・・・・・・・・・・・・・・ 58
共鳴吸収 ・・・・・・・・・・・・・・・・・・・・・・・・・・・・・ 139
強誘電体 ・・・・・・・・・・・・・・・・・・・・・・・・・・・・・・ 74
強誘電メモリ (FeRAM) ・・・・・・・・・・・・・・・ 74
極カー効果 ・・・・・・・・・・・・・・・・・・・・・・・・・・・ 114
局在 3d 電子 ・・・・・・・・・・・・・・・・・・・・・・・・・・ 48
局在電子モデル ・・・・・・・・・・・・・・・ 36, 44, 59
巨大磁気抵抗効果 (GMR) ・・・・・・ 5, 89, 90
近接場光 ・・・・・・・・・・・・・・・・・・・・・・・・・・・・・ 129
金属結合 ・・・・・・・・・・・・・・・・・・・・・・・・・・ 36, 49
金属磁性体 ・・・・・・・・・・・・・・・・・・・・・・・・・・・・ 48

■く■

空間周波数 ・・・・・・・・・・・・・・・・・・・・・・・・・・・・ 51
空間光変調器 (SLM) ・・・・・・・・・・・・・・・・ 128
空格子近似 ・・・・・・・・・・・・・・・・・・・・・・・・・・・・ 52
空洞共振器 ・・・・・・・・・・・・・・・・・・・・・・・・・・・ 144
クーパー対 ・・・・・・・・・・・・・・・・・・・・・・・・・・・・ 99
クーロン相互作用 ・・・・・・・・・・・・ 39, 41, 56
クーロンの法則 ・・・・・・・・・・・・・・・・・・・・・・・ 10
屈折率ベクトル ・・・・・・・・・・・・・・・・・・・・・・ 121
グラニュラー構造 ・・・・・・・・・・・・・・・・・・・・ 130

■け■

傾角反強磁性 ・・・・・・・・・・・・・・・・・・・・・ 16, 19
傾斜磁界 ・・・・・・・・・・・・・・・・・・・・・・・・・・・・・ 142
形状磁気異方性 ・・・・・・・・・・・・・・・・・・・・・・・ 78
ケイ素鋼板 ・・・・・・・・・・・・・・・・・・・・・・・・・・・・・ 3
結晶磁気異方性 ・・・・・・・・・・・・・・・・・・・・・・・ 78
原子 ・・・・・・・・・・・・・・・・・・・・・・・・・・・・・・・・・・・ 23
原子当たりの磁気モーメント ・・・・・・・・ 36
原子間交換相互作用 ・・・・・・・・・・・・・・・・・・ 58
減磁曲線 ・・・・・・・・・・・・・・・・・・・・・・・・・・・・・・ 83
原子磁石 ・・・・・・・・・・・・・・・・・・・・・・・・・・ 23, 35
原子磁石の磁気モーメント ・・・・・ 26, 30, 33
原子内交換エネルギー ・・・・・・・・・・・・・・・ 57
原子内交換相互作用 ・・・・・・・・・・・・・・・・・・ 56
原子付近に振幅をもつ成分 ・・・・・・・・・・ 48

■こ■

コア ・・・・・・・・・・・・・・・・・・・・・・・・・・・・・・ 2, 4, 5
光学遅延 ・・・・・・・・・・・・・・・・・・・・・・・・・・・・・ 115
交換結合 ・・・・・・・・・・・・・・・・・・・・・・・・・・ 94, 95
交換相互作用 ・・・・・・・・・・・・ 35, 38, 41, 45
高感度磁気ヘッド ・・・・・・・・・・・・・・・・・・・・ 97
交換バイアス ・・・・・・・・・・・・・・・・・・・・ 93, 94
交換分裂 ・・・・・・・・・・・・・・・・・・・・・・・・・・ 38, 49
高スピン状態 ・・・・・・・・・・・・・・・・・・・・・・・・ 131
構造敏感な量 ・・・・・・・・・・・・・・・・・・・・・・・・・ 83
高速磁化反転 ・・・・・・・・・・・・・・・・・・・・・・・・ 126
光電子分光 ・・・・・・・・・・・・・・・・・・・・・・・・・・・・ 40
交流消磁法 ・・・・・・・・・・・・・・・・・・・・・・・・・・・・ 77
コットンムートン効果 ・・・・・・・・・・ 112, 115
固定層 ・・・・・・・・・・・・・・・・・・・・・・・・・・・・ 94, 103
コバルト (Co) ・・・・・・・・・・・・・・・・・・・・ 19, 36
固有関数 ・・・・・・・・・・・・・・・・・・・・・・・・・・・・・ 122
固有値 ・・・・・・・・・・・・・・・・・・・・・・・・・・・ 29, 117

■さ■

歳差運動 ・・・・・・・・・・・・・・・・・・・・ 107, 136, 141
左円偏光 ・・・・・・・・・・・・・・・・・・・・・・・・・ 115, 122
サマコバ ・・・・・・・・・・・・・・・・・・・・・・・・・・・・・・・ 8

散漫散乱 ･･････････････････････････ 102
残留磁化 ･･････････････････････ 77, 85

■し■

磁化 ･･････････････････ 12, 14, 44, 65
磁荷 ･･････････････････ 10, 11, 13, 66
磁界 ････ 9, 25, 66, 76, 80, 82, 90, 103, 108, 112, 119, 128, 136, 138, 139, 141, 144
磁化回転 ･････････････････ 77, 82, 83, 104
磁荷対 ････････････････････････ 24, 25
磁化反転 ･･･････････ 84, 105, 107, 110, 126
磁化率 ･････････････････････ 15, 33, 47
磁気異方性 ････････････････････ 72, 77
磁気回転比 ･･･････････････････ 108, 137
磁気共鳴 ･･･････････････････ 20, 135
磁気共鳴画像化法 (MRI) ････････････ 141
磁気記録媒体 ･･･････････････････ 3, 73
磁気光学イメージング ･･････････････ 129
磁気光学カー効果 ･･････････････ 112, 114
磁気光学空間光変調器 ･･････････････ 128
磁気光学効果 ･････････････････ 111, 112
磁気光学スペクトル ････････････ 122, 125
磁気超解像 ･････････････････････ 128
磁気抵抗 (MR) 素子 ･････････････････ 5
磁気ヒステリシス ･････････････ 7, 72, 73
磁気ヒステリシス曲線 ･･････････････ 7, 12
磁気分極 ････････････････････････ 12
磁気ヘッド ････････････････････ 4, 93
磁気モーメント ･･････ 12, 13, 24, 27, 29, 30, 32, 33, 35, 39, 41, 44, 48, 59, 61, 64, 70, 71, 76, 90, 91, 107, 108, 110, 130, 136, 137
磁気モーメントのベクトル和 ･･････････ 64
磁気誘導 ･････････････････････････ 6
磁極 ･････････････････････ 12, 23, 66
磁気量子数 ･･････････････････････ 27
磁区 ･･････････････････ 64, 69, 75, 129
磁区と磁壁 ･･････････････････････ 63

磁石につく磁性体 ･･････････････････ 16
磁心（コア）･･･････････････････ 2, 5
磁性体 ･････････････････････ 6, 15
自然旋光性 ･････････････････････ 113
磁束線 ･････････････････････････ 66
磁束密度 ･･･････････････････ 13–15
実効磁界 ･･･････････････････････ 69
磁場 ･･････････････････････････ 9
自発磁化 ･･･････････ 16, 18, 20, 21, 44, 45
磁壁 ･･････････････････････ 71, 72, 76
磁壁移動 ･･･････････････ 76, 82, 85, 110
磁壁の核発生 ････････････････････ 85
磁壁の電流駆動 ･････････････････ 110
縞状磁区 ････････････････････････ 70
周期ポテンシャル ･･････････････････ 52
シュテルン・ゲルラッハの実験 ･･････ 30
ジュリエールモデル ･･････････････････ 97
主量子数 ････････････････････････ 27
シュレーディンガー方程式 ･･････････ 52
常磁性 ･････････････････ 16, 17, 35, 47
常磁性キュリー温度 ････････････････ 47
常磁性磁化率 ････････････････････ 33
常磁性相 ･･････････････････････ 49
常磁性体 ･･････････････････ 20, 47
状態密度 (DOS) ･････････････ 37, 54, 98
状態密度曲線 ･････････････････ 38, 99
初期状態 ･･････････････････････ 63
初磁化曲線 ････････････････････ 75
磁力線 ･････････････････････････ 66
振動子強度 ･････････････････ 123, 124

■す■

垂直磁気異方性 ･･････････････････ 68
垂直磁気記録材料 ････････････････ 81
垂直磁気記録方式 ･････････････････ 4
ストーナー・ウォルファースのモデル ･･･ 83
ストーナーモデル ･･････････････ 39, 58
スピン ･･･････････････ 23, 29, 34, 89
スピン・エコー ･･････････････････ 141

スピン角運動量 29
スピン軌道相互作用 81, 125
スピン再配列相転移 135
スピン注入磁化反転 105
スピントランスファートルク 89, 105, 107, 108
スピントルク 109, 110
スピントルク振動子 107
スピントロニクス 89
スピントロニクス・デバイス 20
スピンバルブ 93, 94
スピン偏極状態密度 40
スピン偏極度 98, 99
スピン偏極バンド 40
スピン密度波 (SDW) 16, 19
スレーター・ポーリング曲線 39

■せ■
静磁エネルギー 69
静磁的な相互作用 81
性能指数 114
ゼーマン効果 30
摂動 122
狭い3dバンド 48
遷移金属 38
全角運動量量子数 30

■そ■
双安定系 74
ソフト磁性体 6, 7, 72

■た■
第1原理計算 81
対角成分 117, 118, 123
帯磁率 15
体心立方構造 (bcc) 39, 41
楕円偏光 112, 116
多重項 32, 34
縦カー効果 114

縦緩和時間 138, 141
多電子原子 31
単磁区 72, 104
単磁区ナノ粒子 72, 83
ダンピングトルク 107

■ち■
超交換相互作用 58
超常磁性限界 134
超伝導体 99
超微細構造 143
直接交換相互作用 58
直線偏光 112

■て■
低スピン状態 131
鉄 (Fe) 19, 35, 36, 42, 46, 48, 114
鉄の磁気モーメント 39
電荷 13, 89
電界 74, 116, 117
電気双極子遷移 124
電気双極子遷移確率 123
電気双極子モーメント 13
電気分極 74, 122
電子軌道 24
電子常磁性共鳴 (EPR) 135, 142
電子相関エネルギー 43, 61
電子の回転運動 14
電子分布 27

■と■
導波路型アイソレータ 127
トルク 13, 24, 25, 107, 135
トンネル磁気抵抗効果 (TMR) 5, 89, 96, 104
トンネル障壁層 101
トンネル伝導率 98

■な■

ナノテクノロジー ································ 90

■に■

ニッケル (Ni) ······························· 19, 36

■ね■

ネール温度 ·· 21
ネール磁壁 ·· 71
ネオジム (Nd) ··································· 8
ネオジム磁石 ································· 2, 8
熱アシスト磁化反転 ························· 134
熱アシスト磁気記録 ························· 134
熱磁気記録 ····································· 132
熱磁気効果 ····································· 112
熱モード ································ 129, 132
熱揺らぎ ·· 35

■は■

ハード磁性体 ···························· 2, 7, 72
ハードディスク (HDD) ··················· 3, 89
配位数 ·· 45
ハイゼンベルグのモデル ····················· 58
パウリの常磁性 ·································· 17
波数 ······································ 50, 55, 102
バックラッシュ ·································· 74
バルクハウゼンジャンプ ····················· 77
パルスフーリエ変換法 ······················ 140
反強磁性 ·················· 16, 18, 20, 35, 93, 94
反強磁性結合 ····································· 90
反強磁性相互作用 ······························· 58
反強磁性体 ······························· 20, 21, 94
反磁界 ································· 65, 66, 69, 78
反磁界係数 ······································· 67
反磁界の起源 ····································· 65
反磁界の補正 ····································· 69
反磁性 ································· 16, 17, 66
反磁性体 ·· 20
半導体レーザー ·························· 6, 127

■ひ■

バンドギャップ ································ 54
バンド電子モデル ······················ 36, 49
バンドの幅 ······································ 43
バンドモデル ·································· 49
バン・ブレックの常磁性 ··················· 35

■ひ■

光キャリア誘起磁性 ······················ 132
光クロスオーバ強磁性 ··················· 131
光ケーブル ······································· 6
光磁気アイソレータ ······················ 127
光磁気記録 ··································· 127
光磁気記録媒体 ····························· 133
光磁気効果 ······················ 112, 129, 132
光磁気ディスク ····························· 127
光スピンクロスオーバ ··················· 131
光多重通信 ··································· 127
光ファイバー ··································· 6
光ファイバーアンプ ······················ 127
光誘起磁化 ··································· 130
光誘起透磁率変化 ························· 130
光誘導磁気異方性 ························· 130
光誘導二色性 ································ 130
光誘導ひずみ ································ 130
非結合型 GMR ······························· 93
微細化 ·· 23
非磁性体 ·· 20
ヒステリシス ························· 72–74, 94
非線形磁気カー回転 ······················ 127
非線形磁気光学効果 ······················ 126
非相反 ·· 113
非対角成分 ·················· 117, 119, 123, 125
ビット線 ······································ 103
比透磁率 μ_r ································ 3, 15
ピニングサイト ······························ 85
比誘電率テンソル ························· 117
広い 3d バンド ······························· 48
ピン止め ·· 72

■ふ■

ファラデー回転角 112
ファラデー効果 112, 113
ファラデー楕円率 112
フェライト 8
フェリ磁性 16, 18
フェリ磁性体 20, 133
フェルミエネルギー 37, 56
フォークト配置 115
フォトンモード 129
不揮発性 74
複屈折 115
副格子 18, 21
ブラシレス・モーター 2
フリー層 94, 103
フリーデル振動 60
ブリルアン関数 45
ブリルアン散乱 90
ブリルアンゾーン (BZ) 40, 41
フレミングの左手の法則 24
不連続磁化範囲 77
ブロッホ関数 52
ブロッホ磁壁 71
ブロッホの定理 52
分子磁界 44
分子場係数 44
分子場理論 44, 46
分析技術 20
フントの規則 31, 36, 61, 131

■へ■

ベルデ (Verdet) 定数 113
ペロブスカイト型酸化物 61
偏光顕微鏡 64
遍歴 3d 電子 48
遍歴電子モデル 36

■ほ■

放物線型のバンド 51, 56

飽和磁化 77
ボーア磁子 27, 59
ボーア模型 24
補償温度記録 134
保磁力 2, 3, 7, 15, 72, 73, 83
ボルテックス 71

■ま■

マクスウェルの方程式 119

■み■

ミニディスク 127

■め■

面心立方構造 (fcc) 39

■も■

モット局在 43
モット絶縁体 61
守谷理論 48

■や■

やわらかい 7
やわらかい磁性体（ソフト磁性体） 3

■ゆ■

有効磁界 44
有効磁気モーメント 33
有効ダンピング定数 110
誘導磁気異方性 80

■よ■

陽子（プロトン） 141
横カー効果 114, 115
横緩和時間 138, 140, 141

■ら■

ラーモアの定理 136
らせん磁性 16, 18

ランダウ・リフシッツ・ギルバートの式
　　　……………………………… 108
ランデの g 因子 ……………………… 31

■り■

粒界 ……………………………………… 84
量子的な現象 …………………………… 96
量子論 …………………………………… 26
臨界磁界曲線 ………………………… 103

■る■

ルビー …………………………… 17, 130

■ろ■

ローレンツ型の分散曲線 …………… 124
ローレンツ振動子の式 ……………… 123
六方稠密構造 ………………………… 39

■わ■

ワード線 ……………………………… 103
ワイス …………………………………… 44
ワイスの分子場理論 ……………… 44, 47

Memorandum

Memorandum

[著者紹介]

佐藤 勝昭（さとう かつあき）

1966 年	京都大学大学院工学研究科電気工学専攻修士課程修了
1966 年	日本放送協会に入局
1978 年	工学博士（京都大学）
1984 年	東京農工大学工学部電子工学科助教授
1989 年	同　工学研究科電子情報工学専攻教授
2005 年	同　理事・副学長（–2007）
2007 年	科学技術振興機構さきがけ研究総括（–2013）
2008 年	同　研究広報主監
2010 年	同　研究開発戦略センターフェロー

専　門：応用物性工学

主な著書：光と磁気（朝倉書店，1988），応用電子物性工学（コロナ社，1989），金色の石に魅せられて（裳華房，1990），応用電子物性（オーム社，1991），機能材料のための量子工学（講談社，1995），新しい磁気と光の科学（講談社，2001），理科力をきたえるQ&A（ソフトバンククリエイティブ，2009），半導体物性なんでもQ&A（講談社，2010），太陽電池のキホン（ソフトバンククリエイティブ，2011）

趣　味：絵画制作

マグネティクス・イントロダクション 1
Magnetics Introduction Vol.1

磁気工学超入門
―ようこそ，まぐねの国へ―

Ultra-primer of Magnetics:
Welcome to the Land of Magnetism

2014 年 6 月 25 日　初版 1 刷発行
2019 年 9 月 10 日　初版 2 刷発行

検印廃止
NDC 428.9
ISBN 978-4-320-03571-3

編　者　日本磁気学会
著　者　佐藤勝昭 © 2014
発行者　南條光章
発行所　共立出版株式会社
　　　　〒112-0006
　　　　東京都文京区小日向 4 丁目 6 番 19 号
　　　　電話 (03)3947–2511（代表）
　　　　振替口座 00110–2–57035
　　　　URL www.kyoritsu-pub.co.jp

印　刷　加藤文明社
製　本　協栄製本

一般社団法人
自然科学書協会
会員

Printed in Japan

JCOPY　<出版者著作権管理機構委託出版物>
本書の無断複製は著作権法上での例外を除き禁じられています．複製される場合は，そのつど事前に，出版者著作権管理機構（TEL：03-5244-5088，FAX：03-5244-5089，e-mail：info@jcopy.or.jp）の許諾を得てください．

日本磁気学会 編

現代講座・磁気工学

今日の科学技術の発展はますます加速しており、磁気の分野においても新しい研究分野が次々と開拓されている。日本磁気学会の学術講演会を見ても、そのセッション構成は年々変わっており、巨大磁気抵抗効果やスピンエレクトロニクス、ナノ磁性など従来にはないキーワードが用いられるようになった。また新分野だけでなく、これらを支える基礎分野においても研究の進展は急速であり、新たな参考書や新分野への導入を意識した教科書が必要となってきた。そこで、本シリーズは、学部上級生から修士・若手技術者を主対象に新機軸の研究対象と基礎的要素を結びつける教科書として日本磁気学会が企画・編纂。

❶ **磁気工学入門** 磁気の初歩と単位の理解のために ……… 高梨弘毅著／132頁・本体2,800円

❷ **磁気工学の解析** ……… 三俣千春著／236頁・本体3,400円

❸ **スピントロニクス** ―基礎編― 井上順一郎・伊藤博介著／294頁・本体3,800円

❹ **スピントロニクス** ―応用編― …鈴木義茂・湯浅新治・久保田均著／続　刊

❺ パワーマグネティクスのための **応用電磁気学** ……… 早乙女英夫他著／352頁・本体4,000円

マグネティクス・ライブラリー

近年、磁気工学の分野においては新しい研究分野が開拓されており、また、これらを支える基礎分野においても研究の進展は急速である。本シリーズは、磁気工学分野の参考書という位置づけで、磁気工学分野において先導的な研究者が著者となり、磁気工学分野における重要なトピックスを、紙面を豊富に割いて詳解する。

① **磁気の付随現象とその応用** ……… 井上光輝著／続　刊

② **磁性の電子論** ……… 佐久間昭正著／356頁・本体5,000円

③ **反強磁性材料** ―応用の展開― ……… 深道和明著／344頁・本体5,000円

④ **垂直磁気記録** …岩崎俊一・中村慶久・大内一弘・村岡裕明・青井 基著／続　刊

【各シリーズ】 A5判・上製本　※続刊の書名，著者名，価格は変更される場合がございます。

https://www.kyoritsu-pub.co.jp/ 　共立出版　https://www.facebook.com/kyoritsu.pub